専門医に学ぶ 長生き猫ダイエット

監修 横井愼一
（泉南動物病院 院長）

はじめに

皆さんはじめまして、獣医師の横井愼一と申します。私の動物病院では10年ほど前から、猫と犬の減量指導に取り組んできました。

猫の飼い主たちのほとんどは、自分のコが肥満ということに気がついていません。私から指摘をすると、「そんなことないですよ〜」「このくらい丸い方が可愛いんです」という反応をされます。

人間なら、肥満になると色々な病気のリスクが上がりますよね。猫でもまったく同じことがいえます。ところが、人間については「肥満はよくない」との認識が浸透してきましたが、対象が猫となるとまだまだ遅れているのが現状です。

肥満の猫は、糖尿病や膵炎《すいえん》、変形性関節症をはじめとするさまざまな病気になりやすいです。特に変形性関節症は一度なったら一生治らないため、予防が肝心なのです。

そもそも私が減量指導をするに至ったきっかけは、開業間もない頃から通院してくれていた犬が、骨関節症になり、毎日薬を飲まなければ痛みを我慢できない体になってしまったことでした。

そのワンちゃんは予防接種などで半年に一度は来院がありました。2歳を過ぎた頃から、肥満であることを認識していたのですが、「おたくのコは太っている」とご家族にいうのは、とても失礼なことのような気がして、強く減量を勧められなかったのです。

そのワンちゃんが10歳を過ぎたある日、足を引きずりながら病院にやって来ました。レントゲン検査の結果、かなり重度の肘の骨関節症と診断。痛み止めの薬を毎日飲まなければ散歩もできない状態でした。この時、「肥満に気づいた時点で減量を勧めていれば、こんなことにはならなかったんじゃないか」と、私はひどく落ち込みました。

この本をきっかけに、多くの方に、肥満の危険性と減量の重要性を知ってもらいたい。そして自分の家の猫が「肥満かも」と思ったら、遠慮なく我々獣医師に相談してください。

正直なところ、減量に対して積極的に指導を行っている獣医師というのはそれほど多くはありません。しかし、「この本にこんなことが書いてあったのだけれど、うちのコは大丈夫？」というご家族からの訴えが多くなれば、獣医師側ももっと勉強するようになるし、動物病院内でも減量に対する意識が変わってくるはずです。

どうか、1匹でも多くの猫の健康寿命が長くなり、病気で苦しまない世の中になりますように。そして猫と人とがお互いに、幸せに暮らせるように願っています。

泉南動物病院　院長　横井愼一

もくじ

監修者プロフィール

枝村《えだむら》一弥《かずや》

博士（獣医学）、小動物外科専門医、日本大学生物資源科学部獣医学科准教授、動物のいたみ研究会委員長。大学では、整形外科、リハビリテーションやペインコントロール、再生医療などを中心に研究を行っている。

横井《よこい》愼一《しんいち》

泉南動物病院院長。大阪府出身。北里大学卒業。眼科・歯科・循環器科・神経科・皮膚科など幅広い治療に対応。皮膚科学、犬と猫のダイエットをテーマに、多くの雑誌で記事を執筆するほか、全国で講演も行っている。

徳本《とくもと》一義《かずよし》

ヘリックス株式会社代表取締役社長、獣医師、ペット栄養学会理事、MBA。ペットフードメーカーにて小動物臨床栄養学に関する研究を行う。現在は獣医療・教育関連のコンサルタントのほか、獣医系大学にて非常勤講師を務める。

入交《いりまじり》眞巳《まみ》

獣医師。国内の動物病院に勤務後渡米し、博士・米国獣医行動学専門医を取得。帰国後は動物病院などで行動診療（心療内科）を受け持つほか獣医系大学にて教鞭も取る。著書に『猫が幸せならばそれでいい』（小学館）がある。

実際にあった
ダイエットサクセスストーリー
東野夫妻
みやちゃんの飼い主。
みやちゃんのダイエットを決意する
みやちゃん
東野夫妻とともに
暮らす猫
横井先生
みやちゃんの減量指導
を担当する獣医師
みやちゃんももう11歳かぁ。
今日はワクチン打ってもらおうね。
にゃ~
ちょっと我慢してね。
ぷすっ
にゃ~
どうもみやちゃんは肥満気味ですね。
え
将来病気になるリスクがあるので、ダイエットをしてみませんか?
そういわれてみれば最近は押入れにも入らない……。
キャットタワーにも最近はあまり登らないよな。
他にも…
ドス
ドス
ドス
よいしょ!
せーの…
MIYA

お姉ちゃん猫のフードをウェットタイプに替えてから、おすそ分けしすぎていたのかも……
姉猫フーちゃん
フーちゃんは病気でお空へ行ってしまったよな。みやちゃんも病気になってしまったら……
ゾ
わたしたちみやちゃんをダイエットさせます！
?
一緒に頑張りましょう！大丈夫です。きっとやせられます。
はじめに今までフードをどの程度あげていたか量ってみてください。そこから、ダイエット中のフードの量を考えましょう。
わかりました！
朝
計量して…
昼
置きっぱ
夜
残りを量る
どれどれ……
後日
ニャ〜
いつもフードを出しっぱなしだから気づきませんでしたけど75gあげていました。
それなら朝と夜の2回の食事にして、フードを減量用のものに替えましょうか。
朝
夜
FOR DIET
療法食

まずは1日35gからスタートして、徐々に減らしましょう。
がんばろうねー
頑張ってみます！
4.7kgが目標体重です！
きっちり量らないとね。
35.0
はい、どう
ぞ…
ガツガツ
にゃ〜お
にゃ〜お
足りねー
えっ
もう食べ終わったの!?朝の分はおしまいだよ
カラッポ
がまんがまん…
ガー
翌朝4時
ニャー
しょうがない、3粒だけね…
ちぇー
2週間後
20gマイナスですね！
なんとか2週間乗り切りました〜
フードの催促がすごいんです！どうしたらいいですか？
それに鳴き声を聞いていると、どうにも可哀想になってしまって…
そうですね…。昼間のフードを節約して、夜に多めにあげると深夜の催促が和らぎます。
それから鳴き声は、みやちゃんがカラオケをしていると思いましょう！声をたくさん出してエネルギー消費になっていますよ。
なるほど

※飼い主が抱っこして量った、猫＋人の合計体重

ところが――
測定中
う～ん、停滞期ですね。
でも先生、こんなにくびれができたし顔もほっそりしたみたい
これ以上はやせすぎじゃないですか？
いいえ！
キッパリ
さわってもまだ脂肪が多いのでもう少し頑張ってみましょう！
ついついもういいかなって思ってしまったよ…
停滞期に入ったら運動量を増やしてあげると抜け出しやすいです遊ぶ時間を増やせますか？
やってみます！
帰宅後…
うーん
めしくれ
くれー！
こういう遊びはどうだろう
おいでー
ニャー
ほーら
こっちだよー
鬼ごっこ…？
2週間後…
さあ、体重量ってみようか
停滞期抜けていますように…
こっちだよー
みやちゃーん

…やったー!!
停滞期を抜けてからは
順調に体重が減り…
太る前にとっていた行動が
見られるようになって
きました。そして―
目標体重
達成です!
美人になりました!!
やったね、
みやちゃん
二人ともよく頑張った!
なんだか毛づやが
よくなったみたい
動くのも楽しそうだし、
本当にダイエットして
よかったよ
その後も…
体重キープ
できていますね
血液検査も
問題なしです。
よかったぁ
それから数年が経ち、
みやちゃんは18歳になりましたが、
大きな病気もなく楽しく暮らして
います。
足腰
丈夫ねー

ダイエットでこう変わった！

みやちゃん

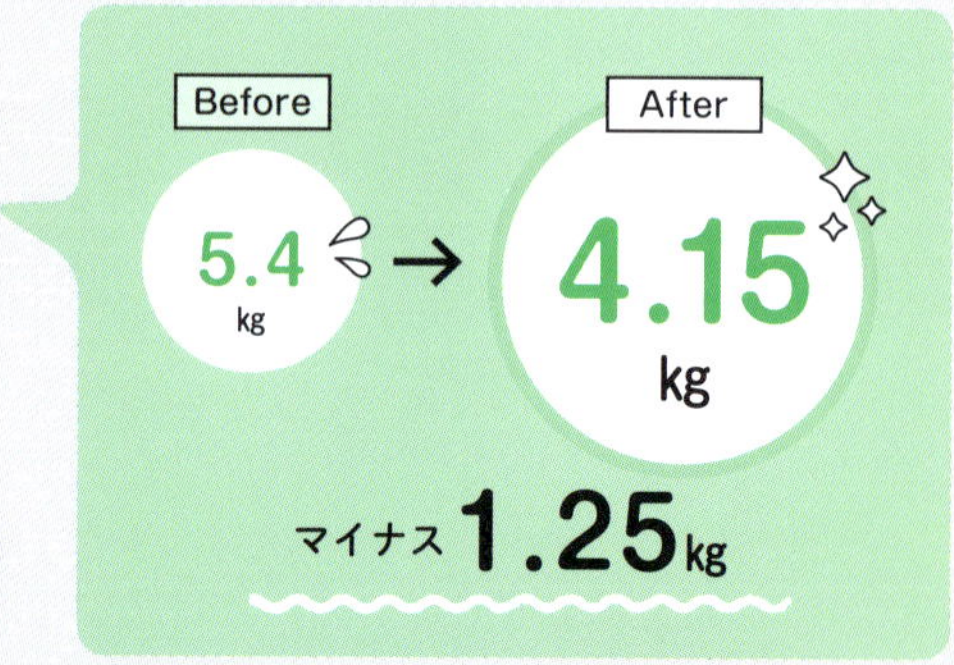

減量前は、キャットタワーを登り下りする音が大きかったり、低いテーブルでさえ勢いをつけないと上がれませんでしたが、減量後は忍者のように静かにキャットタワーの登り下りをします。みやちゃんも高齢猫といわれる年齢になってきましたが、これからも元気に楽しく長生きしてほしいです。目指すは「猫界の美魔女」！

東野夫妻

横井先生

東野さんと話し合って取り入れた、食事前にフードを持って歩き回る運動法が大成功！
減量前は1日寝てばかりの生活だったそうですが、減量後は部屋中駆け回るなど、活発になったようですね。「みやちゃんが若返った」という言葉をいただけたのが一番嬉しかったです。

1章

肥満のリスク

あなたの猫は大丈夫？肥満は万病のもと

少しぐらい太っても、別に病気じゃないからかまわないでしょ？　もしそんなふうに思っていたら大間違いです。「肥満は万病のもと」とはよくいったもので、猫の場合も太らせてしまうと、恐ろしい病気になる危険性が確実に高まります。脅かすわけではありませんが、中には一生完治せず、その後の猫や飼い主の暮らしに大きな影響をもたらすものもあり、「たかが肥満」と安易に考えてはいけないのです。

「減量をした方がよいですよ」と勧めても、聞き入れてもらえないこともあります。その後、肥満が原因で本当に発病し、治療に耐える猫の姿

INTRODUCTION

を見ていると、獣医師として複雑な気持ちになります。太らせさえしなければ苦しまずにすんだ病気、本来は防げたはずの病気だからです。

またこれまでは、ウトウト寝てばかりだったり、キャットタワーの一番上に登らなくなったりすると、「猫ってそんなもの」「年をとったから」と捉えられがちでしたが、実はこちらも肥満と関係する、ある病気による可能性が高いことも、最近の研究で明らかになってきました。

この章では、肥満が誘発する病気について解説していきます。危機意識を高めると同時に、肥満にさせないこと、もし太らせてしまったら減量させることが、猫の健康にとっていかに大事なのか、知っていただければと思います。

肥満のリスク

Q1

肥満ってそんなにいけないことなのですか?

A1

猫は本来、しなやかで俊敏な動きをする生き物です。ところが太っていると**思いのままに動けなくなり、ストレスをためやすくなります。**ぽっちゃり猫がものぐさなのは、好きでジッとしているのではなく、本人も不本意なのです。

ストレスだけではなく、**変形性関節症や糖尿病など病気にかかるリスクも跳ね上がります。**病気の中には完治できず、寿命にも影響したり、悪化すると一生治療とつきあわなければならないものもあります。

病気になれば治療費や、通院の手間もかかるため、人間にとってもいいことはありません。こうしたストレスや病気と、肥満の関係については、18ページ以降で詳しく説明していきます。

一番の予防は肥満にさせないこと

猫の病気には特効薬がないことがほとんどです。病気にさせないよう、予防に努めることが大切ですが、肥満にさせないことはその基本的なことといえます。

何らかの病気になり、**動物病院で手術する時には、危険性が増します。**

麻酔をかける際には、気道からチューブを入れて麻酔薬を送り込みますが、気道のまわりに脂肪が多いとチューブが入れづらくなります。太っているため麻酔の使用量も増え、体に負担がかかります。さらには脂肪が麻酔を吸い取ってしまうので麻酔にかかりづらく、醒めにくいのです。

執刀の際も、脂肪が邪魔して臓器が見つけにくいことがあります。そのため、通常より大きく切らなければならない場合もあります。

難易度が一気に高まる肥満の猫の手術は、正直なところ、獣医師も少々気が重いものです。

肥満のリスク

Q2

どうして太っていると ストレスが生じるの?

A2

肥満になると、具体的にはどんなストレスがかかるのでしょうか。ここでは動物行動学専門医である入交《いりまじり》眞巳《まみ》先生にご説明いただきましょう。

「肥満が猫に与えるストレスには、次の二つが挙げられます。一つめが、**飼い主とのコミュニケーション不足**によるもの。太って動くのがしんどいと、飼い主ともっと遊びたいのに長く続かなかったり、飼い主の帰宅を出迎えたいのに、行きそびれたりします。その様子を見た飼い主が、『あの子は最近、ひとりでいる方が好きみたい』と勘違い。そのすきに甘え上手な同居猫に、飼い主を独占されてしまうこともあるでしょう。

よく、『犬は人に付き、猫は家に付く』といわれるように、一般的に猫は人に対してクールで、放ってお

太るとどうして疲れやすくなる？

通常、脂肪細胞からはレプチンという物質が分泌されていますが、肥満の猫は脂肪細胞が多いため、つねにレプチンが分泌されている状態。これはつねに炎症を起こしているのと同じようもので、体力を消耗します。

いても大丈夫とのイメージがあります。たしかに犬ほど飼い主にべったりではないですが、猫も基本的には人が好き。そのため、飼い主と十分にコミュニケーションを取れないことは、猫にはつらい状態なのです。

二つめのストレスは、**猫が好む上下運動が、できなくなってしまうこと**によるものです。

猫は、来客や同居動物が騒がしかったり、不安を感じると、高い場所に登ることで安心できます。体重が重くて、本当は登りたいのにそれができないのは、やはり精神的にきついものがあります。

こうしたストレスを覚えると、過剰に毛繕いするなどの、ストレス行動（88ページ参照）が現れる猫もいます」（入交先生）

肥満のリスク

Q3

普段の生活の中で行動にどんな支障が出る？

A3

肥満と関係の深い病気には、変形性関節症（以下、関節症）があります。ここでは、関節症が猫の生活や行動をどう変えるのか、小動物外科専門医の枝村《えだむら》一弥《かずや》先生に語っていただきます。

「関節症は肥満の猫に多い病気です。足の関節に痛みが生じることで、次のような症状が見られるようになります（関節症の詳しい説明は22ページへ）。

足腰に響くのを嫌い、高いところへジャンプできなくなります。飛び降りると前足の関節が痛むので、**高い場所へ登らなくなり、階段も避けます。**

トイレの枠をうまくまたげず、**トイレの前で粗相をしたり、**手首の関節に痛みが走るので**爪とぎをしなくなり、爪が伸びてきます。**触られると痛いので、人と

健康な猫と肥満の猫の1日の例

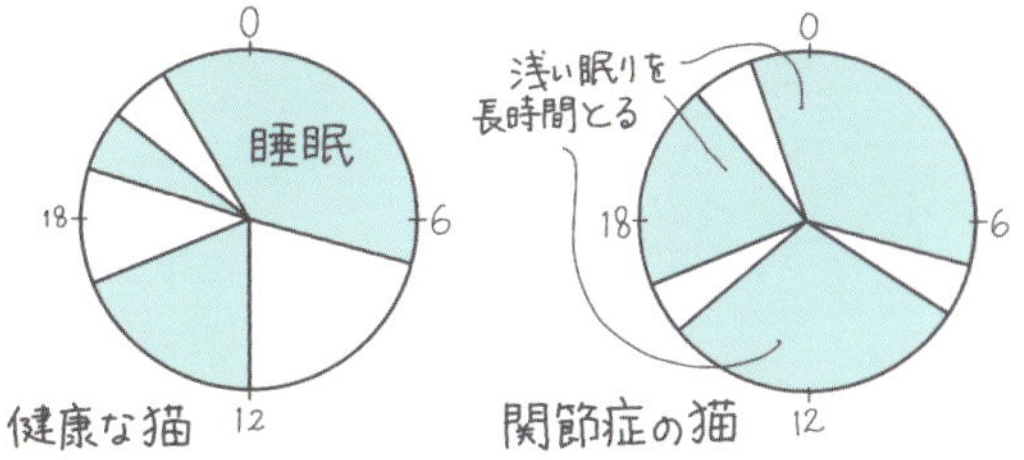

それぞれの猫がとる睡眠および休息時間の例。健康な猫は、夜間や午後に睡眠をとることが多いです。関節症になると、それ以上に眠ったり、昼夜が逆転する傾向があります。

の接触を避けたり、人に対して怒りやすくなります。

重症になると跛行《はこう》といって、**片足を引きずって歩くようになります。**肥満の猫では跛行になるリスクが5倍高くなるとの論文もあります。

健康な大人の猫の1日の睡眠および休息時間は12〜14時間ぐらいです。早朝と夕暮れは活動的になり（詳しくは96ページ）、それ以外は寝たり起きたりを繰返します。ところが関節の鈍い痛みでうまく眠れず、眠りが浅くなってしまうことから、**睡眠不足を補うため、いつも眠るようになります。**

もし愛猫が以前ほど活動的でなくなり、眠ってばかりいるようになったら、『年齢のせい』と決めつけず、関節症を疑ってみてください」（枝村先生）

肥満のリスク

Q4

関節症と肥満にはどんな関係があるの？

A4

関節症とはそもそもどんな病気で、肥満とどう関係しているのでしょうか。引き続き、枝村先生に解説してもらいます。

「関節症は、骨と骨の間にある軟骨がすり減って関節が変形し、痛みを感じるようになる病気です。日本大学動物病院で228匹の猫の、1193関節をレントゲンで調べたところ、12歳以上では70％以上の猫が、関節症や変形性脊椎症（背骨が変形して、背中に痛みが現れる病気）であることがわかりました。それほど関節症は、高齢の猫によく見られる病気です。

年齢と並ぶ、関節症の二大原因が肥満です。体重がかかり関節、特に前足首など小さい関節への負担が増し、発症します。前足がなりやすいのは、重い頭を支

関節症と肥満の負のサイクル

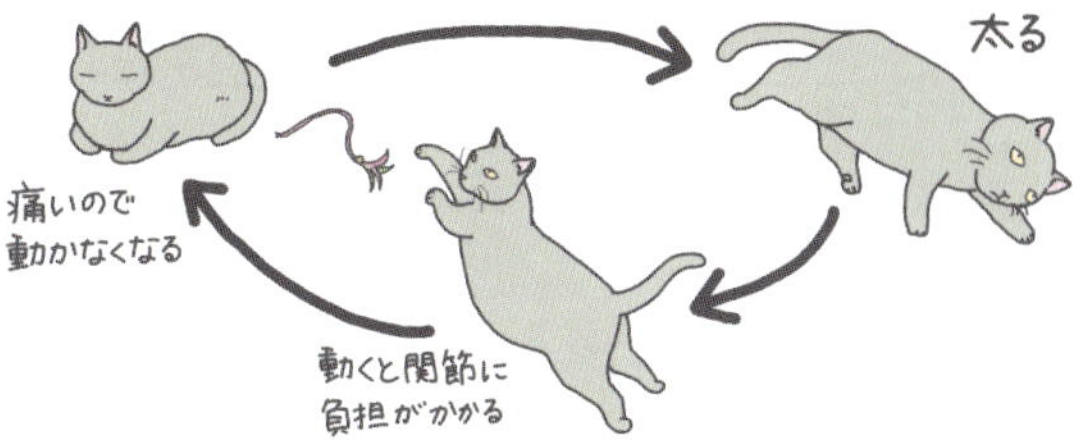

関節症になり、痛みから十分に動けず太ってしまうパターンもあります。スコティッシュフォールドは遺伝的に関節症になりやすい種類なので、特に体重過多にならないよう注意が必要です。

えているから。また、猫は急にジャンプできるよう、後ろ足のかかとが逆「く」の字形に曲がった骨格となっています。そのため後ろ足よりも、真っすぐな前足の関節に、より負担がかかってしまうのです。

20～21ページで述べたとおり、関節症になるとあまり動かなくなります。**動かないことで肥満が進行し、肥満が進むほど関節症が悪化してさらに動かなくなる。**肥満と関節症、どちらに先になっても負のサイクルに入り込んでしまいます。

関節症は残念ながら治すことができません。体重管理、そしてサプリメントやエクササイズ、生活環境のバリアフリー化により、進行のスピードを遅らせることになります」（枝村先生）

肥満のリスク

Q5

糖尿病や膵炎になるリスクも高くなるの?

A5

猫の肥満による病気の代表例といえば糖尿病です。糖尿病は血糖値（血液中のブドウ糖の濃度）が上がり、尿の中に糖が混じる病気です。猫の糖尿病は、膵《すい》臓で作られ、血糖値をコントロールする働きをもつインスリンが、分泌されているが不足している、もしくはインスリンが出ているが体が反応しないことが主な原因と考えられており、人の「2型糖尿病」によく似ています。肥満になると、このインスリンが効きにくくなります。

糖尿病になると、**喉が渇いて水をたくさん飲み、尿の量が増えてきます。食べる量も増えるのに、体重は減り、**やがてガリガリにやせてゆきます。

後述の膵炎などに併発して糖尿病になった場合は、

肥満により糖尿病のリスクは上昇

アメリカ北東部の猫1457匹を対象に行われた調査によると、肥満の猫は、標準的な体重の猫に比べて3.9倍、糖尿病を発症する可能性が高いことがわかりました。

完治も見込めますが、膵臓の機能が壊れ、インスリンを作れなくなった場合は、1日に1～2回、**自宅でインスリン注射を、一生打ち続ける必要があります。**

もう一つ、肥満と関係があるのが膵炎です。膵臓から消化酵素が過剰に分泌されることにより、膵臓や、十二指腸などの臓器を溶かしてしまう病気で、**食欲低下や下痢、嘔吐、腹痛などの症状が挙げられます。**

膵炎の原因ははっきりとはわかっていませんが、肥満により発症率が高まるのは間違いありません。

根本的な治療法はなく、吐き気があれば吐き気止めの薬を飲ませるなど、症状緩和のための対症療法を行い、自然治癒力を高めて治してゆきます。重症度によりますが、治るまでに2～10日程度かかります。

肥満のリスク

Q6

肥満の猫には尿路結石症も多いようですが?

A6

尿路結石症は、膀胱《ぼうこう》や尿道などに結晶や結石が生じることで、尿の通り道が傷ついたり尿道が詰まる病気です。**尿が出づらかったり、排尿時の痛みや血尿などの症状が現れます。**

尿路結石症はそもそも、猫全般に多い病気です。猫の祖先は砂漠で暮らしていたため、水をあまり飲まない習性があります。そのため尿は、凝縮された濃いものになります。すると尿のpH（水素イオン濃度）バランスが崩れたり、石の材料となるミネラルが尿の中に増えることで、結石ができやすくなってしまうのです。

飲水量以外に、尿路結石の原因にはじつは食事も関係しています。栄養バランスの取れた食生活をしていれば問題ないのですが、**おやつが多いなど偏食させて**

こんな結晶が尿の中にできます

日本の猫に発生しやすい尿路結石の例。左の「ストルバイト」は尿中で分解できますが、右の「シュウ酸カルシウム」は、尿中で分解できないため、大きな結石ができた場合、手術が必要。特に予防が大切なのです。
写真：ロイヤルカナンより

いると、ミネラル過多になることがあるのです。

つまり、肥満が尿路結石の引き金になるわけではないものの、尿路結石の原因の一つである偏った食生活は肥満を招きやすいことから、結果的に、肥満や肥満気味の猫に多く見られる病気となっているわけです。

治療法は、結石ができにくい食事に替えたり、全身麻酔をかけ、尿道にカテーテルを入れて洗い流します。大きな石が見つかれば手術で摘出します。

予防には、家のあちこちに水飲み場を作るなど、猫が水を飲みたくなる工夫をすることが大事です。「食事を水分量の多いウェットフードに替えたり、フードに水を加えるのもよいでしょう」（入交先生）あわせて栄養バランスのいい食事を心がけましょう。

肥満のリスク

Q7

まさか、命の危険まで招くことはないですよね?

A7

太りすぎて命までおびやかされる、という事態は想像しにくいかもしれませんが、これまでに紹介してきた病気が進行すれば最悪死に至ります。

「人間は関節症を治さずにいると、介護を受けたりせず自立して生活できる〝健康寿命〟が短くなることがわかっています。猫の場合も、**関節症の進行が進むと、跛行《はこう》になり、痛み止めやサプリメントが欠かせなくなります。**

さらに犬の場合ですが、ラブラドール・レトリーバーという犬種で、関節症になると**実際の寿命が2年近く短くなった**との研究結果も出ています。痛みから睡眠リズムが崩れ、不健康な生活に陥ることで、病気になりやすくなるのでしょう。こちらも、まったく同じ

体型キープで寿命が長くなる

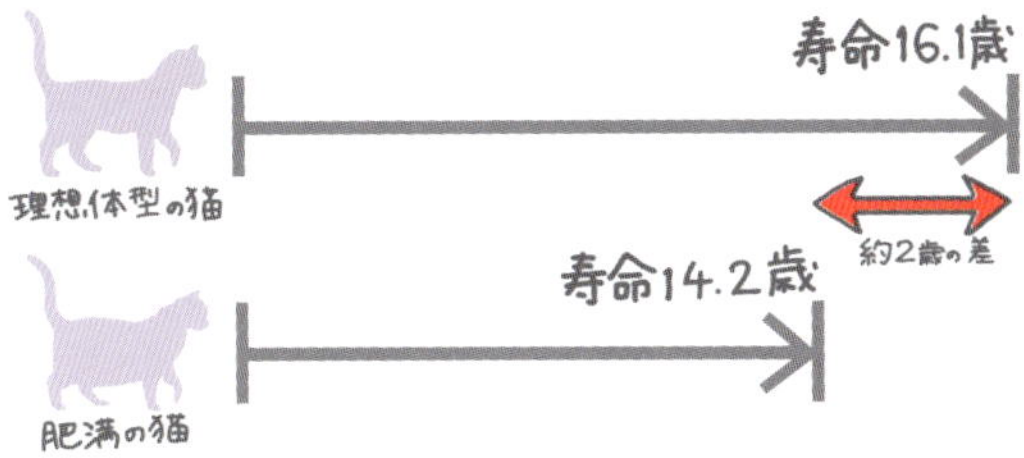

犬だけでなく猫も、肥満になると寿命に影響が出ることがわかりました。オーストラリアで655匹の猫を対象に調査を行ったところ、肥満の猫は理想体型の猫に比べ、2歳ほど平均寿命が短かったのです。
（出典：Strong associations of nine-point body condition scoring with survival and lifespan in cats.）

ことが猫でもいえるはずです」（枝村先生）

糖尿病や膵炎は進行すると、**最後は何も食べなくなり死んでしまいます。**尿路結石症も尿道が詰まって尿毒素が体内に溜まると、発症後2～3日で**急性腎臓病となり死亡します。**

もちろんどれも、早く異常を見つけて治療を受けさせれば、命まで落とすことはないでしょうが、決して軽く考えてはいけない恐ろしい病気であることは、おわかりいただけると思います。そして、これらの病気のリスクを少しでも下げるために、飼い主にできることが、愛猫を肥満にさせないことなのです。

番外 こんな病気にも要注意

減量中に注意が必要な病気、肥満のように
お腹が出る病気を紹介します。

① 肝《かん》リピドーシス（脂肪肝《しぼうかん》）

メカニズム

肝臓に過剰な脂肪が蓄積されることで、肝臓の機能が低下します。食事の栄養バランスが取れていなかったり、絶食や食事量を極端に減らすことで起こることがあります。

症状

数日〜数週間、食欲が低下し、体重も減少します。嘔吐や下痢、口の中や結膜が黄色くなる黄疸（61ページ参照）などが見られることも。治療しなければ死に至ります。

予防法

中年齢（5〜8歳ぐらい）で、太り気味の猫に多いことから、普段の食事に気を配り、肥満にさせないことが大切です。減量のために絶食させるのは絶対にやめてください。

治療法

根気強く栄養を与え続けることです。強制的にフードを口に入れて食べさせるか、麻酔をかけて食道や胃に直接カテーテルを入れ、栄養価の高い流動食を少しずつ与えます。

② 甲状腺《こうじょうせん》機能《きのう》亢進症《こうしんしょう》

メカニズム

甲状腺ホルモンは、代謝を促したり、体温、心拍数、消化機能を調節しています。これが過剰に分泌されることで、代謝が上がりすぎ、老化が進み寿命が短くなる病気です。

症状

食欲が増すのに体重は減る、活発になる、性格が攻撃的になるなどです。よく食べて動くので病気だと思われず、早期発見が難しいです。10歳以上の猫に多く発症します。

③ 猫伝染性腹膜炎《ねこでんせんせいふくまくえん》（FIP）

メカニズム
多頭飼いなどの猫に蔓延する、腸コロナウイルスが、ストレスなど、何らかの理由で、病原性の高い猫伝染性腹膜炎ウイルスに突然変異することで発症します。

症状
お腹に水が溜まりプヨプヨとふくらんだり、腎臓や肝臓にしこりができ、これらの臓器の機能が損なわれます。発症すると、ほとんどが死亡します。

予防法
ストレスや、他のウイルスの感染が、腸コロナウイルスの変異の引き金になるといわれます。トイレの場所や遊びなどを見直し、ストレスの少ない環境を作ってあげましょう。

治療法
特効薬はないため、ステロイド剤や利尿剤などを使って、症状を緩和する対症療法を行います。

予防法
詳しい原因が不明のため予防はできませんが、早期発見して治療すれば、症状を抑えながら生活できます。8歳になったら半年に一度、動物病院で健康診断を受けましょう。

治療法
甲状腺ホルモンの合成を妨げる薬を服用したり、療法食を使うこともあります。思うような効果が得られなければ、手術をして甲状腺を摘出します。

1章のおさらい

❶肥満になると、飼い主と接する機会が減ることでストレスに

❷関節症になると行動が大きく制限される

❸糖尿病や膵炎《すいえん》、尿路結石症になるリスクが高くなる

❹健康寿命や、寿命にも影響が出てしまう

❺極端な減量は肝リピドーシスを招く恐れがある

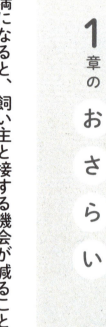

2章

猫の肥満の実態

猫が肥満になるのには理由があります

理想体型の猫は腰にくびれがあり、肋骨《ろっこつ》はうっすらと脂肪におおわれ、浮き上がってはいないものの、手でさわることができます。ところが脂肪が厚みを増し、くびれがなくなって、肋骨を感じ取れなくなると肥満に突入です。

一般的に飼育されている猫は、待っていれば食事が自動的に出てきます。狩りで動く必要がないうえ、過剰にフードやおやつを与えられるため、肥満になりやすい環境にあります。ところが現実には、愛猫が太っていても、そのことに気づいていない飼い主が多いのです。その理由に

INTRODUCTION

は、猫の肥満が外見からはわかりづらいことが挙げられます。

また、自分ではきちんとできているつもりが、間違った給餌法をしていることもよくあり、こちらも肥満の猫を増やす原因となっています。

猫の体重管理は飼い主の役目です。猫が勝手に冷蔵庫を開けて食べたり、おやつを買いに出かけることはありません。それなのにもし太ってしまったら、それは百％人間のせいですし、そうなったら減量してスリム体型に戻すのも、飼い主の責任といえるのではないでしょうか。

この章では、猫の肥満に気づくサインや、肥満を引き起こしてしまう、よくある体型や給餌法の誤解について学ぶことができます。あなたの愛猫も肥満、もしくはその予備軍にあてはまっていないかチェックしてみてください。

1

意外と多い猫の肥満 なぜ見落とされてしまうのか？

ふわふわの毛の下を
見比べてみると……

肥満　　標準

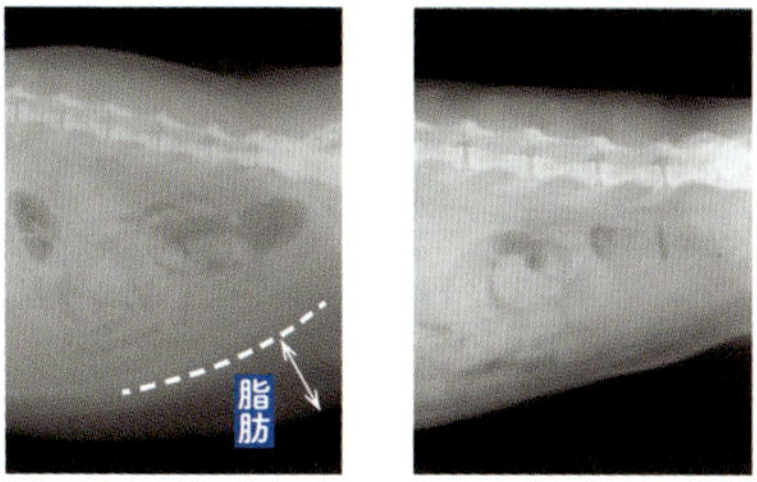

左が肥満の猫、右が理想体型の猫の、腹部のレントゲン写真です。左の写真は、背骨の上や下腹部が脂肪におおわれているため、白い部分の面積が大きくなっています。

個体によって適正体重は異なる

肥満の猫って、いったいどれぐらいの割合で存在すると思いますか？

「世界各国での調査データによると、大まかにいえば、家庭で飼育されている猫の2～4割が体重過多、1割近くが肥満との結果が出ています」（枝村先生）

つまり、じつに**半数近くの猫が肥満、もしくは肥満気味**ということになります。私の実感としても、日本でも同様の割合だと思います。

猫の肥満はなぜこれほど多いのでしょうか。理由の一つに、**猫の肥満は気づきにくい**ことが挙げられます。体じゅうを毛がおおっているため、体のラインがわかりづらく、

猫のボディコンディションスコア

猫が理想的な体型かどうかを判断する指標となるものに「ボディコンディションスコア（BCS）」があります。真上・真横から見た時のくびれ具合や、肋骨または背骨をさわった感覚から、5段階のうちのどこに当てはまるかチェックしてみましょう。

❶ やせすぎ
脂肪がほぼなく肋骨に簡単にさわれる

❷ 体重不足
脂肪が薄く、簡単に肋骨にさわれる

特に長毛種は太っても、外見の変化として現れません。また、顔の大きな猫は太っても全身のバランスが悪くならないため、やはり肥満が見過ごされがちです。

私たち獣医師にも責任があるかもしれません。動物病院に来院した猫を見て、肥満を指摘した方がよいとわかっていても、「飼い主の気分を害するのでは」と思うと、切り出せない先生方もいらっしゃいます。

猫の肥満が多い二つめの理由は、飼い主が愛猫の適正体重を知らないために、フードの量が多くなっていることです。インターネットなどで、「○○（猫の品種名）のオスは△kgぐらい」といった標準体重を見かけます。これはあくまで標準値で、**本来一匹ずつ適正体重は異なります。**ところが、実際には適正体重をオーバーしているのに、「う

❸ **理想体重**
わずかな脂肪におおわれ
肋骨にさわれる

❹ **体重過多**
脂肪におおわれ肋骨
にさわりづらい

❺ **肥満**
脂肪が厚く、肋骨にさわる
ことが非常に難しい

ちの猫は標準値以下だからやせている」と思い込み、フードを過剰に与えてしまう人も少なくありません。

肋骨《ろっこつ》にさわれないのは危険信号

肥満を知る簡単な方法は、肋骨にさわれるかどうか。もし脂肪があれば邪魔をして、骨を感じ取りにくくなるはずです。**人間の手の甲と同じぐらいの明確さで、骨にふれられる肉付きであれば問題ありません。**

もう一つの判断基準が、1歳の時の体重です。猫の1歳は、人間でいえば20歳ぐらい。体ができあがった年齢ですね。その時の体重が、猫の一生涯での適正体重となります。ちなみに私の経験では、2～3歳以降から太り始めるケースが多いようです。

猫の肥満の実態

2

猫を太らせてしまう飼い主のよくある油断＆勘違いとは？

適正体重を知らないと適量を与えられない

与え方（給与量の目安）

●成猫用（室内飼い）

成猫体重	2kg	3kg	4kg	5kg
給与量(1日当り)	35g	45g	55g	65g
給与回数	2回			

●子猫用

月齢	1ヶ月	3ヶ月	6ヶ月	9ヶ月以上
子猫体重	0.5kg	1kg	2kg	3kg
給与量(1日当り)	40g	65g	90g	90g
給与回数	3～4回	2～3回	2～3回	2回

【340kcal/100g】

パッケージ記載の給与量の例

適正体重は3.5kgなのに、現在体重が5kgある猫がいたとします。しかし、飼い主がその猫の適正体重を知らなければ、自然とパッケージに書かれた5kgの欄と照らし合わせ、フードを余分に与えてしまいます。

フード数グラムの誤差が肥満を誘発

猫の肥満の原因でよくあるのが、皿にフードを入れっぱなしにして、いつでも食べられる状態にしてあることです。

これは人間でいえば、お菓子が入った箱がつねにそばにあるようなもの。太ってしまっても仕方ありませんね。「お腹すいたニャーン」のおねだりに負けて、フードを追加で与えたり、かわいさからついおやつをあげすぎてしまうのも食べすぎのもと。人間の食べ物をあげる「おすそ分け」がやめられない人も多いのではないでしょうか。

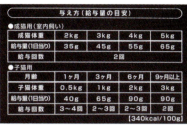

自分では適切な給与量を守っているつもりが、じつは間違っていることもあります。

フードのパッケージには、猫の体重別の給与量が記載さ

「ちょっとだけ」が
じつは致命的だった!?

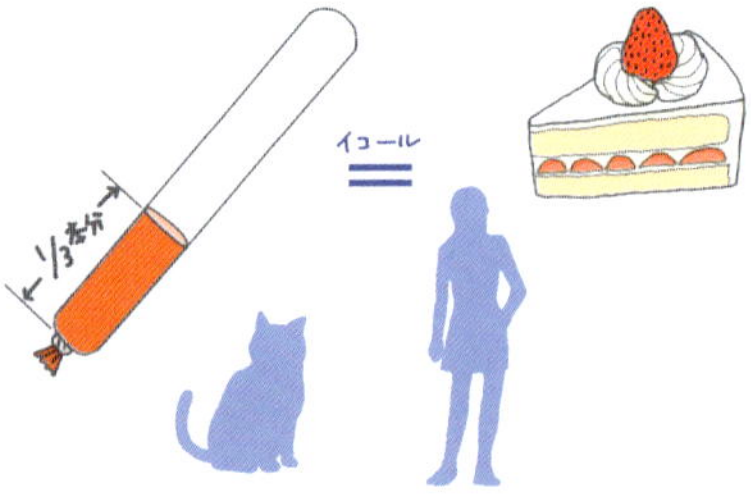

例えば、体重4kgの猫が魚肉ソーセージ1/3本（30g、48kcal）を食べると、人間ならショートケーキ1個（100g、344kcal）分のエネルギーを摂取したことに。

（ヒルズ調べ　参考：五訂増補日本食品標準成分表）

れていますが、この「体重」に要注意。その猫の適正体重の箇所を見なければならないのに、間違って、肥満している現在の体重と照らし合わせていませんか？　つねに過剰にフードを給与されるため、猫はいつまでたっても太ったままです。

フードを量るのに使う**計量カップは、グラム数を示す線ピッタリのところまで、フードを平らに入れるのが正しい使い方**です。ところが線の位置から山盛り状態にしてしまうと、フードの量がかなり変わってしまいます。

体重が人間の10分の1程度しかない猫にとって、**数グラムの違いも度重なれば、十分に肥満の原因となります。**

減量用フードもあげすぎは厳禁

去勢・避妊後に太りやすい理由は？

オスの場合は性欲によるストレスが減り、自発的な行動が少なくなることがあるようです。メスの場合、卵巣を摘出すると、食欲を抑える効果のある女性ホルモンが減少し、食欲が増します。摘出した臓器の分、消費エネルギーが減ることも理由の一つです。

減量用キャットフード（49ページ以降で詳しく説明）に替えたのはいいけれど、「これさえあげていればやせる」と勘違いし、大量にあげてしまう人もいます。減量用フードはやせ薬ではありません。**どんなフードでも、あげすぎれば当然太ります。**

22ページで紹介したとおり、関節症で活動量が減った結果、肥満を招くのも、猫によく見られるケースです。

どんな猫も、去勢・避妊手術後は体質の変化により太りやすくなります。私たち獣医師も、こうした手術の際には、「術後は体重管理をしっかり行ってくださいね」と伝えています。それでもここで挙げたような理由から、愛猫を太らせてしまう飼い主が後を絶ちません。

2章のおさらい

❶家で飼われている猫の半数近くが肥満か肥満気味

❷猫は毛でおおわれているので肥満に気づきにくい

❸フードを置きっぱなしにするのは肥満の大敵

❹給与量は、現在の体重ではなく適正体重に合わせる

❺去勢・避妊手術後は太りやすくなるので要注意

3章

ダイエットの基本的な流れと心構え

さあ、ダイエットを成功させましょう

2章で愛猫の肥満に気づいたら、ぜひ動物病院に相談にいらしてください。スリムボディを目指して、一緒に減量に取り組みましょう。最初に来院していただいた日に、獣医師と相談しながら減量の方針を立てていきます。猫も一匹ずつ違えば、飼い主の家庭もそれぞれ事情は異なりますので、ケースごとに合ったやり方を考えることがとても大切なのです。その後は定期的に通院してもらいながら減量を進めます。この章では具体的な減量プログラムの立て方や、自宅で行ってもらうことの例をご紹介します。

INTRODUCTION

同時に、よくあるトラブルや、してしまいがちなNG行為についてもふれているので参考にしてください。

減量中は大変なこともありますが、だからこそ成功した時の喜びは大きく、飼い主からは、

「普段の動きにキレが出て、よく遊ぶようになった」

「まるで若返ったみたい!」

といった喜びの声をいただきます。

減量したのにまた太ってしまう、いわゆるリバウンドの心配もありますが、このように理想の体型を取り戻し、猫本来のキビキビした動きを目の当たりにした飼い主は、「またあの肥満体型には戻したくない」と思うものです。身軽くなった猫自身も幸せでしょう。私自身も、「減量指導をしてよかった」と感じる瞬間です。

ダイエットの基本的な流れと心構え

1

ダイエットは医療行為 獣医師の指導のもと正しく行おう

自己判断での減量は危ない

自己判断での減量は猫を危険な状態にしてしまう可能性があります。例えば、無理な運動をさせ、関節を痛めてしまったり、フードを減らしすぎて栄養不足にしてしまったり、などです。

肥満の程度と現在の食事量を把握

最初にお伝えしたいのが、減量は猫の体の中に働きかけて変化を促す、**れっきとした医療行為**だということです。

特に猫の場合、減量を適切に行わないと肝リピドーシス（詳しくは30ページ）という重大な病気にかかってしまうことがあります。動物病院を訪れ、獣医師や動物看護師の指導のもとで行ってください。減量では、療法食と呼ばれる専用のキャットフードを使い、摂取エネルギーを抑えたうえで、適切な運動を取り入れます。

初回の診察は、次のような手順と内容で行います。

【ステップ1】ＢＣＳの一覧（38～39ページ参照）を見ながら、猫の体に一緒にふれてもらい、肥満の進行具合を確認しま

ダイエット効果がアップする環境とは

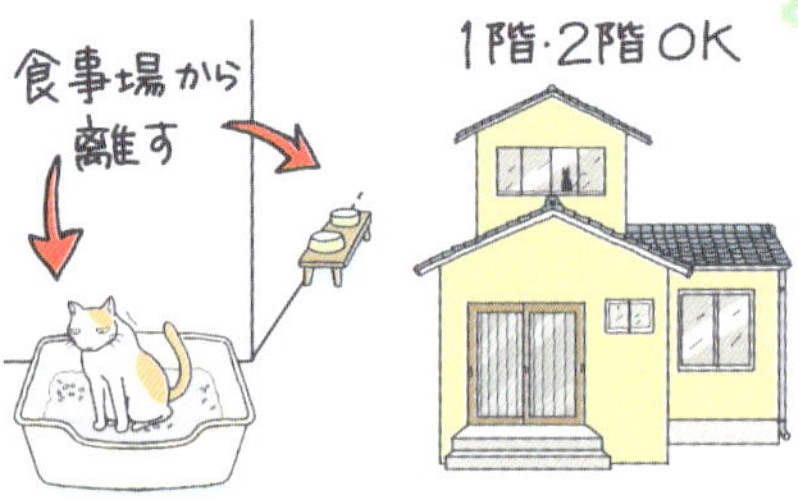

生活環境を改善すると、猫のストレスが減ったり、運動量が増えることがあります。例えば、トイレは食事場所から遠い方が猫のストレスは少ないですし、1階と2階を移動できるようにすると階段を使った運動が可能に。

す。ここで、獣医師と飼い主の認識を合わせておくことが重要です。

【ステップ2】 1日の食事量を確認します。猫を太らせてしまう人は、何をどのくらい食べさせているのか、気にしていないことも多いものです。また、他の家族がおやつをあげていることに気がついていないこともあります。

【ステップ3】 猫の運動量、同居動物の有無、家族構成、家族の在宅時間、猫の居住空間（家具や猫トイレ、水飲み場の配置）や、病気があるかどうかなども確認します。それに応じ、使用するフードの選択や給与量の設定、生活環境の改善点等のアドバイスを行います。

【ステップ4】 次回来院時の目標体重を設定します。

家に帰ったら、さっそく減量開始です。療法食を与え、

体重の量り方

自宅で猫の体重を量る場合、【①猫を抱っこした状態で体重計に載り、自分の体重を差し引く】【②カゴやダンボール、キャリーケースなどに猫を入れ、入れ物などの重さを差し引く】といった方法があります。

積極的に遊んで体を動かす時間を作ってください（関節症などで獣医師から運動メニューの指示があれば従います）。**1週間に一度、体重を量って体重の変化を確認し、フードやおやつの量、遊びのメニューも振り返り、**次回、獣医師に報告するためにメモなどに記録してください。

どうしても来院が難しい猫の場合は…

その後は2週間に一度のペースで来院し、猫の体調や体重をチェックしつつ、フードの給与量の調節などを行います。

動物病院が極度に苦手な猫の場合、**初回のみ猫を連れて来てもらい、あとは飼い主だけ来院する形でも可能です。**自宅で量った体重のメモと、猫の体型や動きがわかる画像や動画も持参するとなおよいでしょう。

ダイエットの基本的な流れと心構え

2

獣医師は頼れる専属トレーナー！家族も巻き込めるかが成否の鍵

減量の基本は この3つ！

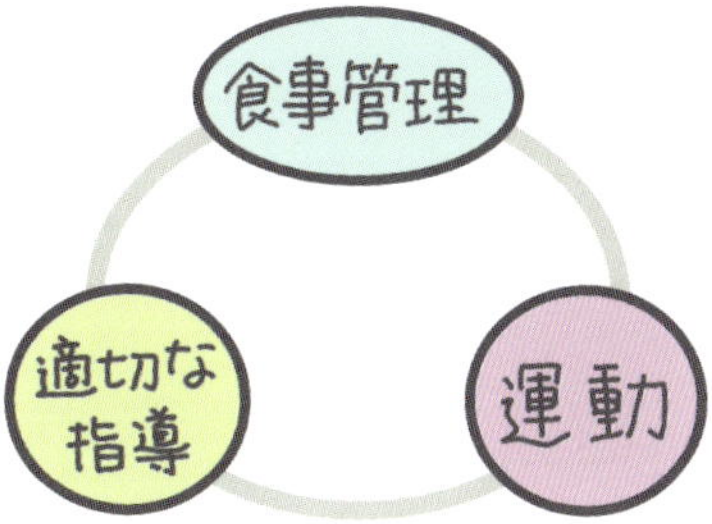

生活環境や猫に応じた食事管理・運動を実践するために、獣医師や動物看護師と積極的にコミュニケーションを取るようにしましょう。

2週間に一度の来院で挫折を回避

飼い主には大変でも、定期的な来院をお願いするのは、猫を安全にやせさせるため医療面からチェックを行うこと以外に、飼い主に減量のモチベーションを持続してもらうことが目的です。ペットの栄養学が専門で、減量指導にも詳しい獣医師の徳本《とくもと》一義《かずよし》先生はこう指摘します。

「人間も、自分一人でダイエットをして成功する人はあまりいないですよね。ＣＭで話題のトレーニングジムも、減量の手法より、専属トレーナーがマンツーマンでつくことがやせられるポイントといいます。**猫の減量では獣医師（または動物看護師）が専属トレーナーと考えてください**」（徳本先生）

家族以外の協力が必要な場合も

「家族間で減量中であることを共有していたけれど、事情を知らないホームヘルパーがフードを与えていた、というケースが過去にありました。自宅に出入りする人全員と、情報を共有しておくとベストです」（徳本先生）

愛猫の食事を制限するのは心が痛むもの。途中でやめたくもなるでしょう。でも、次の来院を約束していれば、よい意味で緊張感が生まれますし、やせた喜びを獣医師と分かち合うことで、「また次回まで頑張ろう」と励みになります。もちろん悩みがあれば、親身にアドバイスしたり、一度立てた減量プランの調節もできます。ぜひ獣医師や動物看護師を、減量の専属トレーナーとして活用してください。

1日分のフードを家族で共有

私たち獣医師がどんなに飼い主をサポートしても、実際に減量を行うのは飼い主自身です。その際、ほかの家族も減量に巻き込むことで成功率は上がります。逆にいうと、来院した人はやる気満々でも、**他の家族が足を引っ張って**

1日の中でのフードの分配法

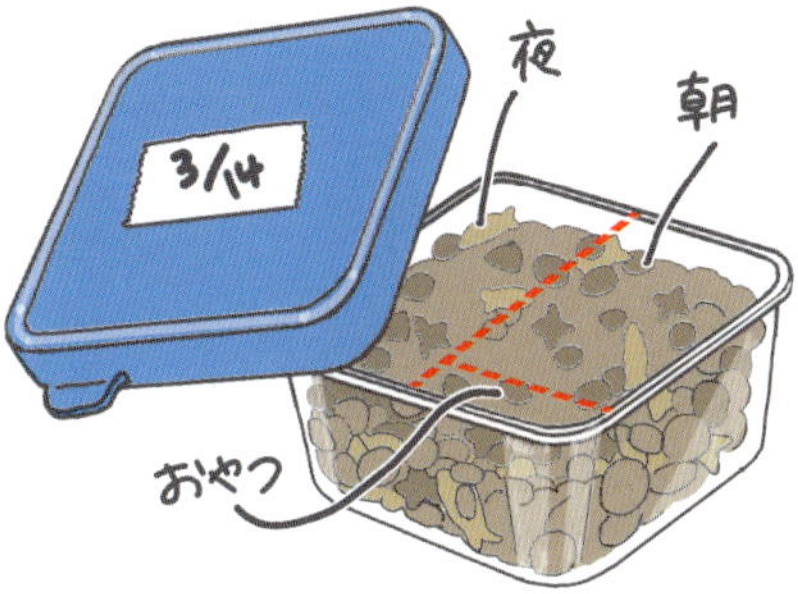

おやつを1日のフードの中からあげる場合、あげすぎてしまうと、夜の分が少なくなってしまうので要注意！　早朝のフード催促を少しでも軽くするには、昼間の分を節約して、夜遅めの時間に多めに与えるとよいでしょう。

しまい、うまくいかないケースも非常に多いのです。

「減量なんてかわいそう」と、誰かが内緒でおやつをあげていたら、どうでしょうか？　せっかくの計画が台無しですね。猫も演技をするのでしょうか、「何ももらっていないよ」とばかりに、何食わぬ顔で複数の家族からおやつにありついていたりするから、なおさら話がややこしい。

減量を始めたことや、そのために食事管理をしていること、このままでは病気のリスクがあることなどを話して、みんなに協力してもらいましょう。もし可能なら、家族全員で来院して、獣医師の説明を受けられると理想的です。

1日分のフードやおやつを容器に入れておき、その中から取り出してもらうようにお願いすれば、「おやつをあげたい」という人の気持ちを満たせます。

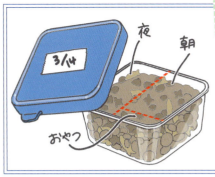

期間は半年間を目安にあせらずゆっくり取り組もう

0.5〜2%ってこれくらい！

	3kg	4kg	5kg	6kg	7kg
1週間	15〜60g	20〜80g	25〜100g	30〜120g	35〜140g
2週間	30〜120g	40〜160g	50〜200g	60〜240g	70〜280g
4週間	60〜240g	80〜320g	100〜400g	120〜480g	140〜560g

数字の範囲内で減量できると理想的です。

目先の目標を立て段階的にクリア

減量は、あせらずゆっくりが大切です。最初からたくさんやせようとしても、これまでフードをあげすぎていた飼い主は、「そんなに大変なの？」と、気持ちがついてこれず、やめてしまう可能性があるからです。

私はいつも、はじめから最終の目標体重を決めません。スモールステップといって、もし体重が6kgなら、「まずは5・8kgまで頑張ってみましょうか」と、**目先の小さな目標を立ててクリアしてゆきます。**

おやつをあげるのが好きなら、「とりあえず、おやつを3分の1にしてみましょうか」と、おやつを減らすことから始めることもあります。このように飼い主と相談しなが

人間ならこれくらいやせています

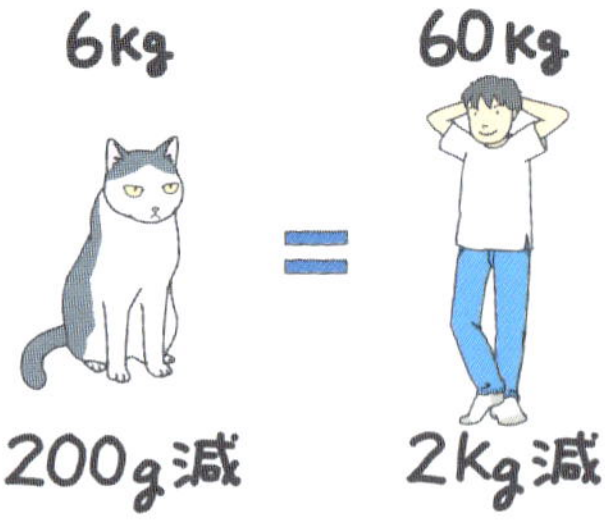

猫の体重がどの程度減ったか実感するには、人間の体重に換算して考えてみるといいかもしれません。単純に10倍すると、「6kgの猫が1週間で100g減」は「60kgの人が1週間で1kg減」になります。

ら、無理のないやり方で実践してもらいます。

その後は来院のたびに、体重を確認しながら、必要に応じてフードの給与量を調節し、目標体重を下げていきます。

6kgを5・8kgに減らすことができた人は、その頃にはダイエットのコツをつかめているため、次に5・5kg、5kg……と、達成していくことはさほど難しくありません。

理想のペースを守って着実に減らす

具体的には、減量スタート時の体重に対し、**1週間に0・5〜2%ずつ減らしていくのが理想の減量ペース**です。猫の体に負担となるほど速くなく、飼い主がやる気を失うほど遅くはないスピードがこれくらいなのです。

ゆっくりすぎると感じるかもしれませんが、もし1週間最初と比べると……

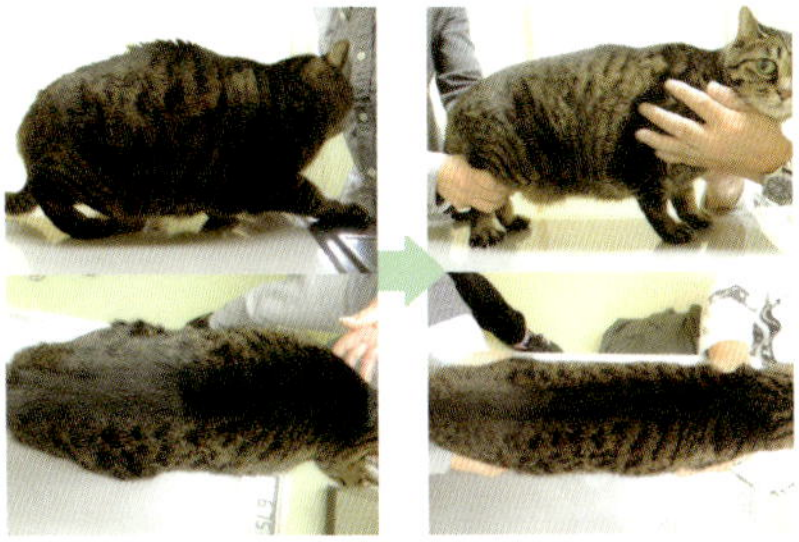

写真：減量前後のみやちゃん（6ページ参照）

減量中は少しずつ体重が減っていくため、変化を感じにくいかもしれません。モチベーションを上げるには、減量前の体重を控えておいたり、体型がわかる写真を撮っておき、ときどき見返してみるとよいでしょう。

で1％なら、6kgの猫は1カ月後に240～300g減ということになりますね。体重60kgの人間に置き換えれば、1カ月で57kg台になるのと同じことです。そう考えると、なかなかいい感じのペースではないでしょうか。

こうやって減量を続けていくうち「あと何gぐらいやせれば、この猫の適正体重になる」というのが見えてきます。そこで最終の目標体重を決め、ゴールを目指します。

3～4カ月たち減量が軌道に乗ってきたら来院のペースを落としてもらって、「今後は1～2カ月に一回ぐらい、太っていないかどうか見せに来てくださいね」と伝え、飼い主に任せてしまうことが多いです。肥満の度合いにもよりますが、たいていは減量期間半年ぐらいで理想の体重に到達し、減量が完了します。

ダイエットの基本的な流れと心構え

4

猫を危険にさらすNG行為とは？
絶食は肝リピドーシスの引き金に

絶食により招かれる症状

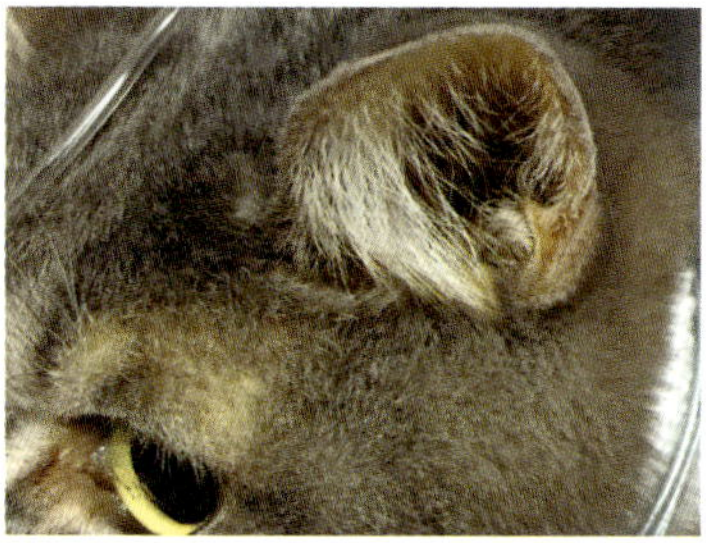

写真：坂井 学（日本大学生物資源科学部准教授）

肝リピドーシスの症状の一つ、黄疸（おうだん）とは血液中に黄色の色素が増加し、皮膚や粘膜が黄色く染まった状態のこと。猫の場合は、歯茎や耳の内側、尿などが黄色くなります。

急激な減量は健康被害を招く

飼い主の中には、「すぐに成果を出したい」とはりきりすぎる人がいます。しかし、短期間で急激に体重を落とすと、猫の体に大きな負担がかかり、30ページで紹介した肝リピドーシスを招く恐れもあります。1週間につき、減量開始時の体重の2％を上回るペースで減量したり、「3日間食事を抜こう」「療法食に替えたけれど食べないから、空腹にしてから与えよう」などと、**絶食させるのは絶対にやめてください。**

結果を求めるあまり、猫の心にも無理をさせないで、というのは入交先生です。

「しつこく食事を催促するのをやめさせようと、叱ったり

どうして怒られたの？

フードを催促する声がうるさいからと、怒鳴ったりしても、猫は何に対して怒られたのか理解ができず、飼い主に対して恐怖心を抱いてしまうこともあります。

たたくのもＮＧです。猫の知能は、人間の２歳児ぐらい。何かを我慢するようしつけることは難しく、猫にはストレスになるだけです。飼い主を怖がり、猫との関係も悪化しかねません。おねだりしてきたら、気を紛らすために遊んであげましょう」（入交先生。以下同）

減量を機に、猫との仲にひびが入るのは避けたいですよね。さらには、こんな場面にも注意を呼びかけます。

「それまでフードを出しっぱなしだったのが、減量を始めてからは食事の回数を分け、仕事から帰って与えるのを日課に。ところが忙しくてそのタイミングであげられなかったり、帰宅が極端に遅くなってしまうと、やはりストレスを覚える猫もいます。

そんな時は、タイマーをセットすれば決まった時刻にエ

自己流で
与えるのは危険

減量に使う療法食の中には、減量中にだけ使うものとして作られた製品などもあります。獣医師の判断なく与え続けるのはNGです（詳しくは70、74ページ参照）。

サが出てくる自動給餌器を使うのはよい解決法です。

また、５章で紹介する『知育トイ』を与えておけば、人がいなくても猫は自分で遊びながら、時間をかけてゆっくり食べられるため、充足感が得られます」

自己判断で方針を変えるのは危険

最初だけ獣医師の診察を受け、減量の方向性が決まったら、あとは勝手に**療法食の給与量や種類を変えてしまう人もいますが、こちらもやめてください。**フードによって代謝エネルギーが異なり、給与量も変わってきてしまいます。繰り返しますが、減量は医療行為です。人間でも、薬の服用量を勝手に増減させるのは危険ですよね。猫の減量でも同じことがあてはまります。

3章のおさらい

❶ 減量は医療行為。獣医師の指導のもと取り組もう

❷ 定期的に来院することで、モチベーションが保てる

❸ 家族の協力を得られないと、成功は難しい

❹ 1週間で0・5〜2%ずつ減らすのが理想のペース

❺ 猫の心身に負担をかけない配慮を

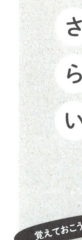

4章

フードの上手な使い方

ダイエットで一番重要なのはフード

減量で最も重要になるのが食事です。運動だけでエネルギーを大量に消費するのは難しいうえ、猫の場合、人間のように自分の意志で運動量を増やすことができないため、運動を減量のメインの手段とすることは無理があります。食事管理こそが、猫の減量を成功へと導くのです。

3章では、猫の減量には、療法食と呼ばれる減量専門のキャットフードを使用するとお話しました。この章では、療法食とはいったいどんなものなのか、なぜこれを使うとやせられるのか、とことん掘り下げてご紹介しましょう。

INTRODUCTION

また、そもそも猫を太らせてしまうのは、これまでの食事の選び方や量が間違っていたからです。肥満の根本の原因である普段の食事を見直すことで、減量はもちろん、はじめから太らせないようにすることができます。

とはいえ、フード売り場には、各メーカーが開発する商品がずらりと並んでいるため、どれを買えばよいのか悩んでしまいますよね。そこでここでは、療法食に限らず、猫のフード全般についても広く解説していきます。パッケージでわかるフードのタイプの見分け方や、おやつや添加物は悪いものなのかなど、さまざまな観点から食の知識を深めてください。そうすれば今後は自信をもって、愛猫にふさわしいフードが選べるようになるはずです。

フードの基礎知識

ペットフードは4種類に分けられる

ペットフードの事業者団体であるペットフード公正取引協議会が制定する「ペットフードの表示に関する公正競争規約」(以下「公正競争規約」)では、ペットフードを目的により「総合栄養食」「間食」「療法食」「その他の目的食」の4種類に分類しています。**購入の際はパッケージの表示を確認し、用途に合ったものを選びましょう。**

このうち「総合栄養食」と「療法食」は、次のページから詳しく説明していきます。「間食」は、おやつやしつけのごほうびとして与えられるもの。間食、おやつ、スナックなどと表示されます。「その他の目的食」は、特定の栄養やエネルギーを補給したり、嗜好増進などを目的とするもの。一般食、栄養補完食、副食などと表示されます。サプリメントもこれにあてはまります。

総合栄養食とは?

毎日の主要な食事として与えられることを想定しています。ペットフード公正取引協議会が定める栄養基準を満たしており、**新鮮な水とこれだけで健康を維持できるよう、必要な栄養素がバランスよく調整されています。**

総合栄養食は、「①妊娠期/授乳期」「②幼猫期/成長期」「③成猫期/維持期」「④全成長段階/オールステージ」の、どの成長段階に給与が適しているか、記載しなければなりません。ちなみに、「シニア」と書かれたフードを見かけますが、メーカーが自主的に謳っているもので、公正競争規約が定めるカテゴリーとしては存在しません。そのため、「シニア」用のフードは、メーカー独自の研究や見解があります。単純に年齢を見るだけでなく、内容もよく確認するようにしましょう。

療法食とは?

食事療法で使われる、**病気の治療を補助するためのフードです。**病気の種類や猫の状態に応じて栄養成分の量や比率が調整されており、**獣医師の指導のもとで与えられる**ことを意図しています。

製品によりますが、一時的な治療のサポートを最優先に作られるため、特定の栄養素を極端に増減させたものもあります。したがって長期間与え続けたり、幼齢の動物に与えると、体調を崩すこともあります。あくまで療法食は、病気を治すための特別なフードと考えてください。もちろん、適切なフードの選択や試用期間は獣医師が判断するため問題ありません。4種類あるペットフードの中でも特殊といえます。

減量用の療法食とは

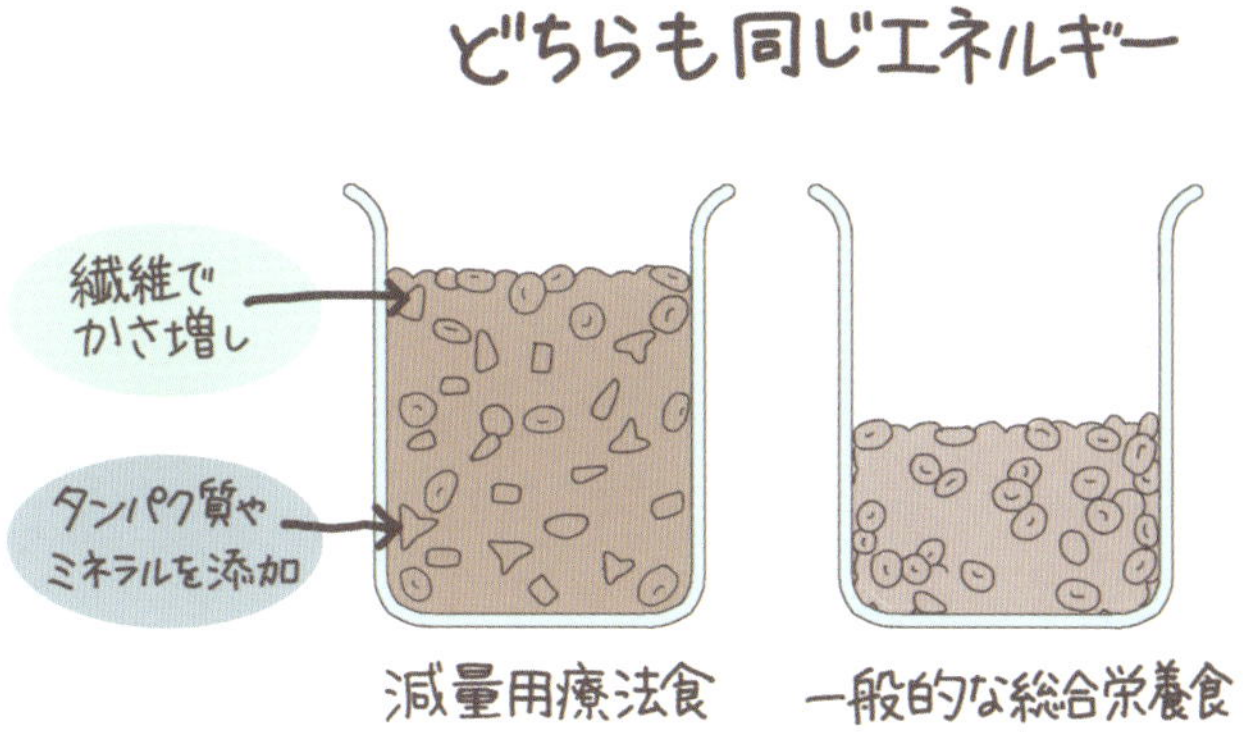

3章では療法食を使ったダイエット法を紹介しました。**減量用の療法食とは、低エネルギーで栄養が濃いフードのこと**です。エネルギーを抑えたフードを作ろうとすると、タンパク質や、ミネラル、ビタミンといった微量栄養素が不足するため、添加して補っているのです。

そして低エネルギーにするために、食物繊維のかさ増しで、満腹感が得られるようになっています。このような食物繊維には、ごぼうなどに含まれるセルロースや、オオバコの種子に含まれるサイリウムなどがあります。

理論上は絶食したり、単純に今食べているフードの量を減らしても体重は落ちますが、同時に筋肉も落ちてしまいます。そのため、減量用の療法食は、エネルギーは低く、タンパク質や微量栄養素は強化しているのです。

ダイエットは療法食がキホン

減量用療法食のメリット

グラムあたりのエネルギーが少ないため、同じエネルギーを摂取させるのに、**他のフードよりも量を多く与えることができます。**ちなみに減量用療法食に入っているかさ増し用の食物繊維は、体内で吸収されず、便になって排出されてしまいます。

減量中だからといってフードの量を減らさなくてすむため、**猫があまり空腹感を感じずにすむ**のはもちろん、「少ししかあげられない」と、**飼い主がつらい思いをすることもありません。**

このように猫と飼い主どちらも、少ない負担で減量できるのが療法食のメリットです。逆に、療法食のデメリットといえば、高価なことが挙げられますが、その理由は83・106ページで解説します。

総合栄養食と療法食どっちを使う?

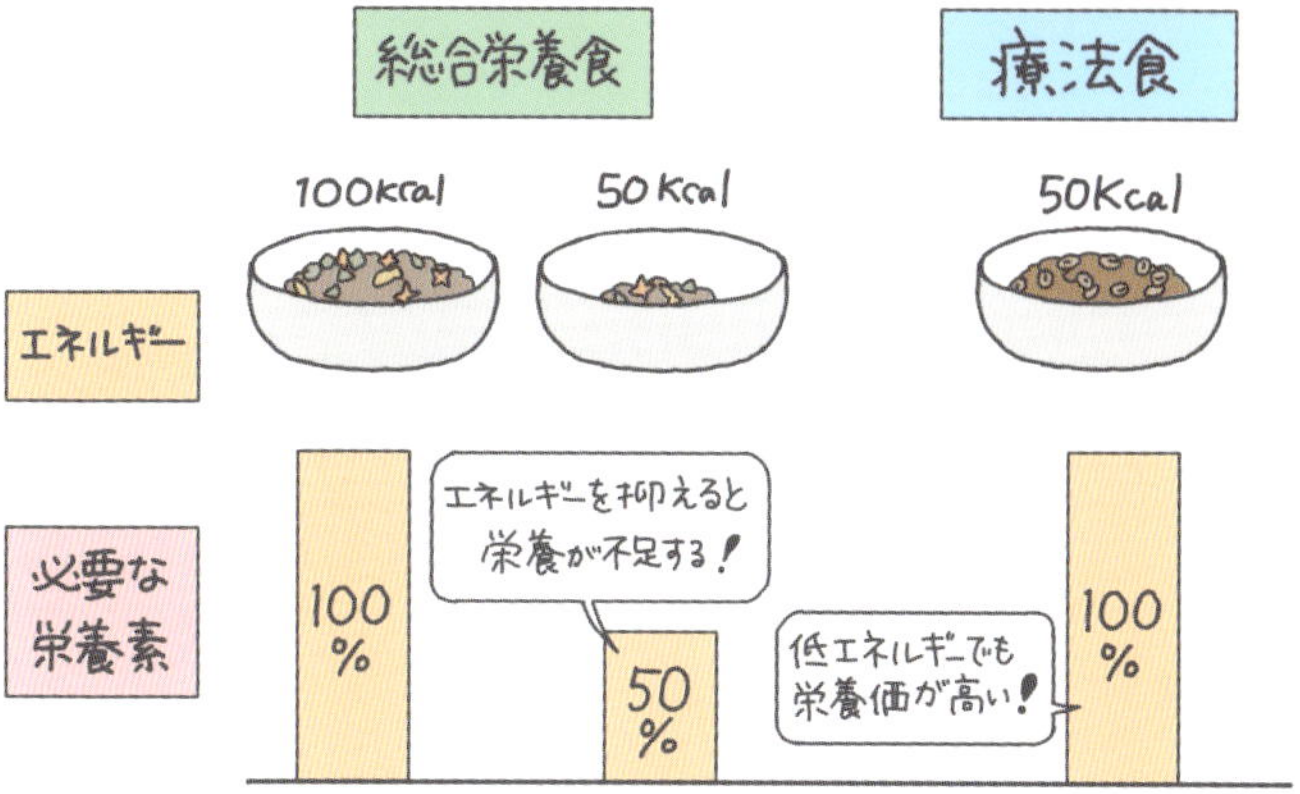

猫の減量を行う場合、1日に与えるフードのエネルギー量を、その猫が1日活動するのに必要とするエネルギー量の70％程度にとどめることが理想です。ところがこれを一般的な総合栄養食で行うと、71ページでも述べたとおり、筋肉量も減少してしまいます。これでは健康的とはいえません。

医学的に正しい減量というのは、ただ単純に体重を落とすことではなく、正しい体組織のバランスを取り戻すことです。

減量はれっきとした医療行為なのです。軽く考えず、きちんと専用の療法食を使った方が、健康的に減量ができおすすめです。

療法食は飼い主が選んでもいい？

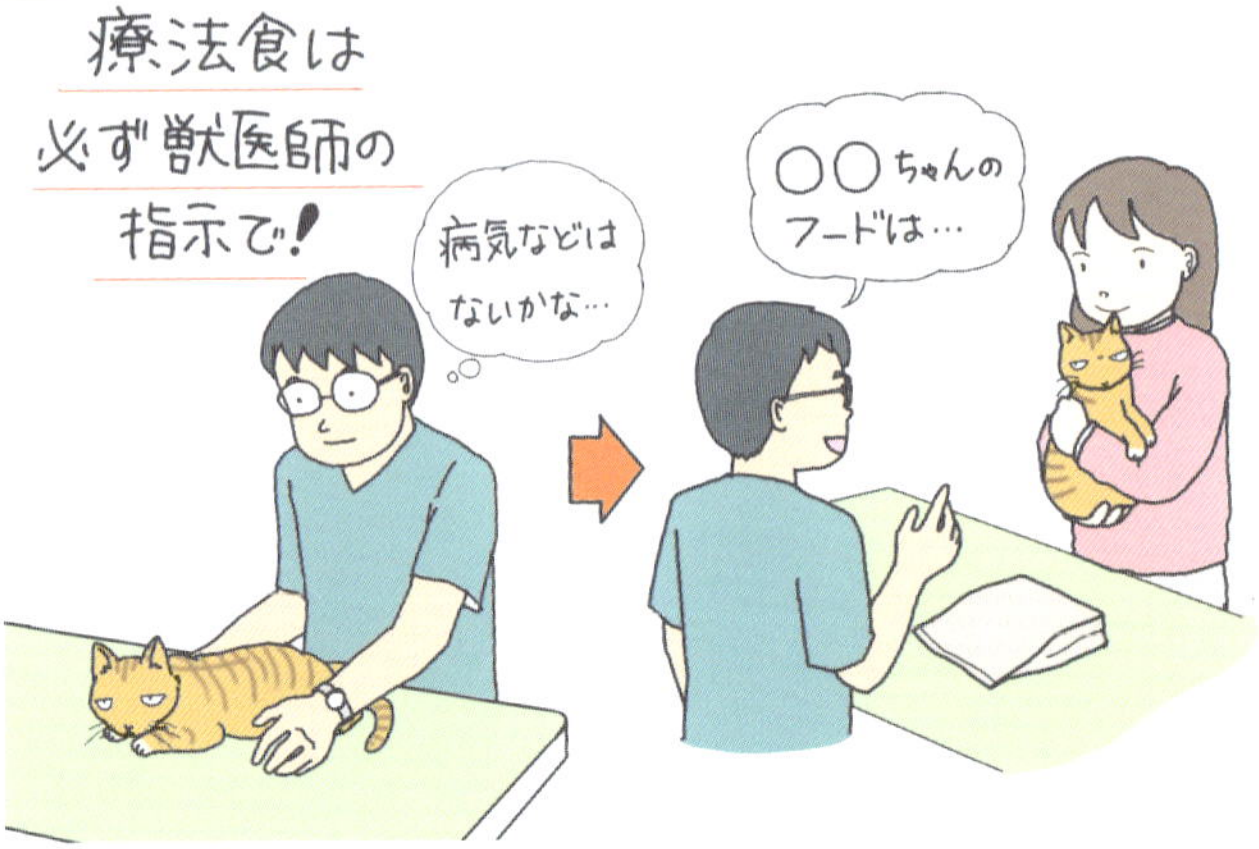

70ページでも紹介したように、療法食は減量用でも、そうでなくても、獣医師の指示で使用するものです。**飼い主が自分で選んで購入するのは、猫を危険な状態にさせかねないため、やめましょう。**

たとえば慢性腎臓病では、初期・中期・終末期で、必要な栄養素が異なります。また一度に複数の疾患を患っていた場合に、どちらの治療を優先するかという問題もあります。

実際に猫（患者）を診なければ、どのフードを使うのが適切か、獣医師にもわかりません。病気の知識を持たない一般の人が、獣医師のアドバイスなしに療法食を与えるのは、自己判断で医療行為をするようなもの。健康被害を招く危険があります。

病気や状態に応じた減量用療法食

持病がある場合には、減量とその他の病気、両方に配慮した食事管理が必要です。やせた方がよい病気がある一方で、少しなら太っていてもむしろ体重を維持した方がよいケースもあります。

例えば心臓病では、かつては減量が推奨されましたが、近年ではむしろ、体重を落とさない方が余命が長くなるとの報告も出てきています（重度の肥満は心臓に負担をかけるので程度問題はありますが）。また、尿路結石症や皮膚疾患などを持つ猫には、病気に応じて成分が調整された専用の減量用療法食が開発されています。

いずれにせよ、**持病がある猫で減量を検討する際は、**獣医師に持病についてよく伝えたうえで、**減量すべきかどうかや、適切な減量食を判断してもらいましょう。**

フードを取り扱う上での注意点

フードを切り替えるコツ

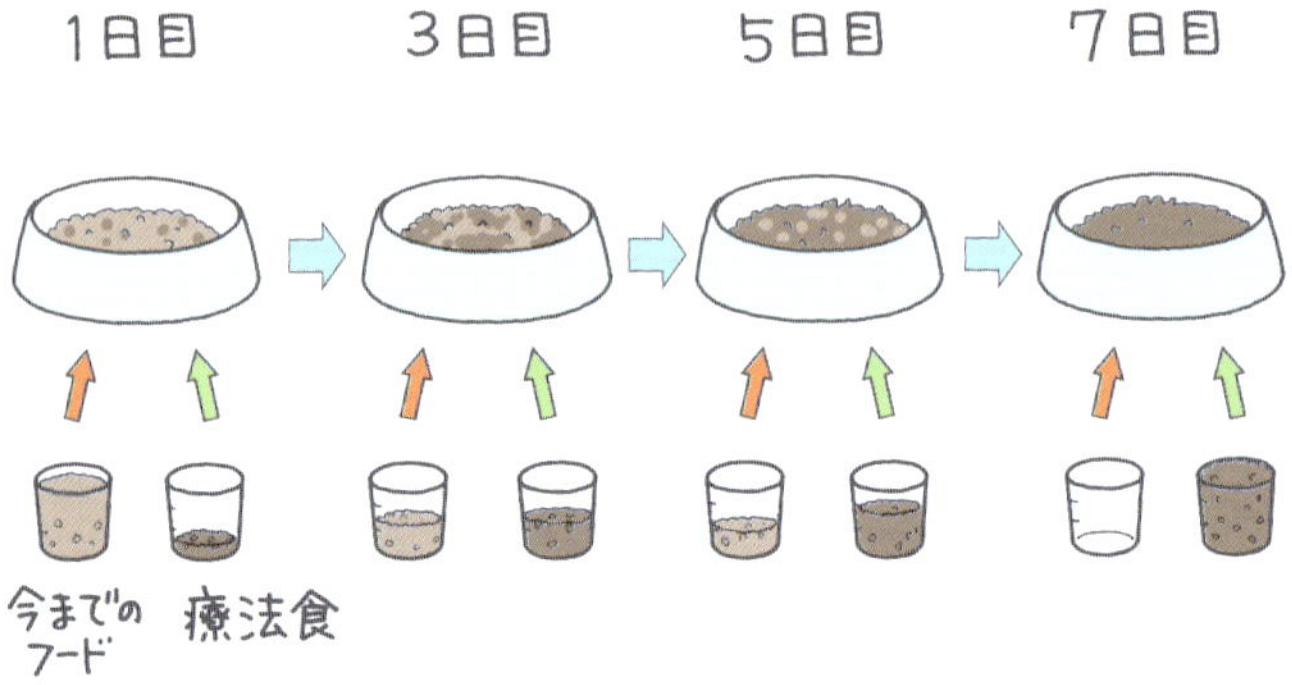

猫は、生後数カ月に経験した食べ物を生涯好む傾向があるため、減量用フードに切り替えると、警戒して食べてくれないことがあります。未知の食べ物に対して慎重になるのは、動物として当然のことです。

しかし根気よく取り組めば、猫も百%、食事を変えられるとの研究もあります。切り替える際は、まずは従来のフードの10%分だけ減量用フードを混ぜ、**1週間〜10日かけて段階的に療法食の割合を増やしていきます。**もしくは2つの皿にそれぞれのフードを入れて並べておくと、そのうち食べ始めます。食べる様子を見張られては猫も落ち着きません。**猫にプレッシャーを与えず、**1カ月ぐらいかけるつもりで**気長に行いましょう。**

ドライフードの上手な保存法

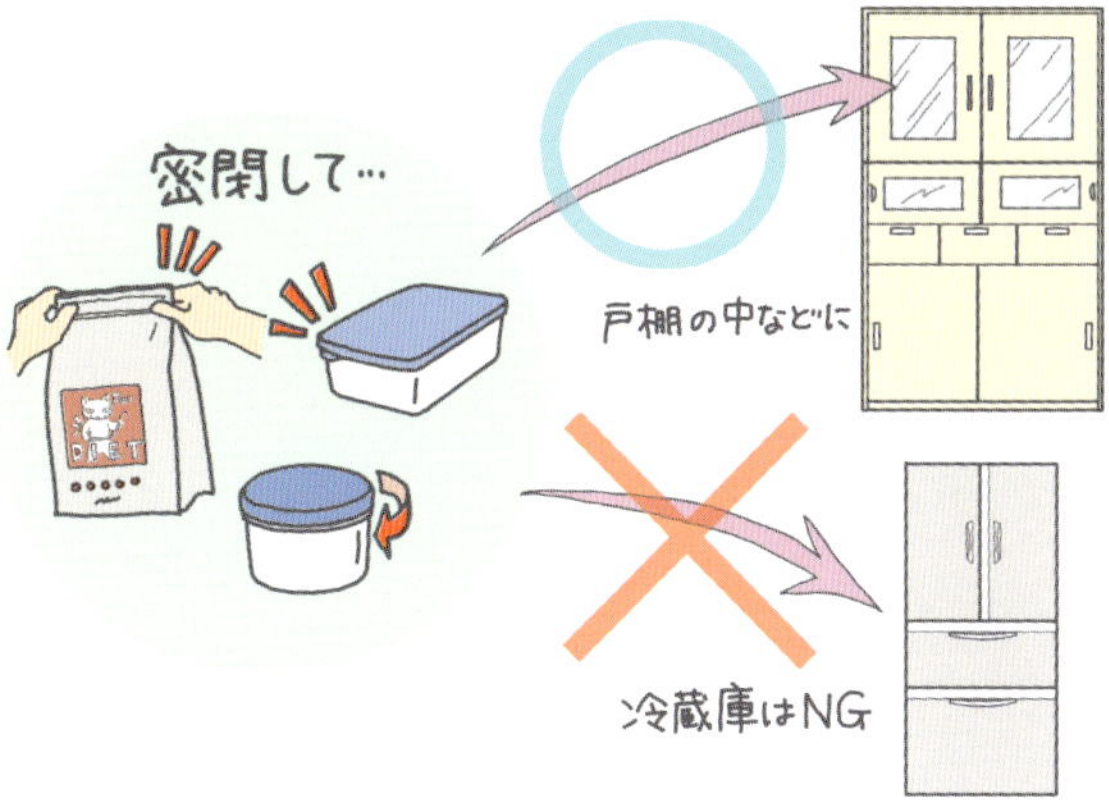

長期保存できるのが便利なドライフードですが、開封すると同時にフードに含まれる香りの成分が発散され、フードから消えてゆきます。そのためフードの袋を開けた直後がもっともおいしく、その後はどんどん風味が落ちてしまいます。ポテトチップスと同じですね。

開封すれば香りの変化だけでなく、品質劣化も始まります。酸化を早めてしまう温度と酸素と光を避け、冷暗所に保管しましょう。

フタ付きの密閉容器に小分けにして冷蔵庫に入れるのはNG。容器の中の温かい空気が冷やされることで水滴が発生し、カビが生えてしまいます。

大袋でまとめ買いするのではなく、1カ月以内で食べきるサイズを目安に購入しましょう。

食事とおやつの割合

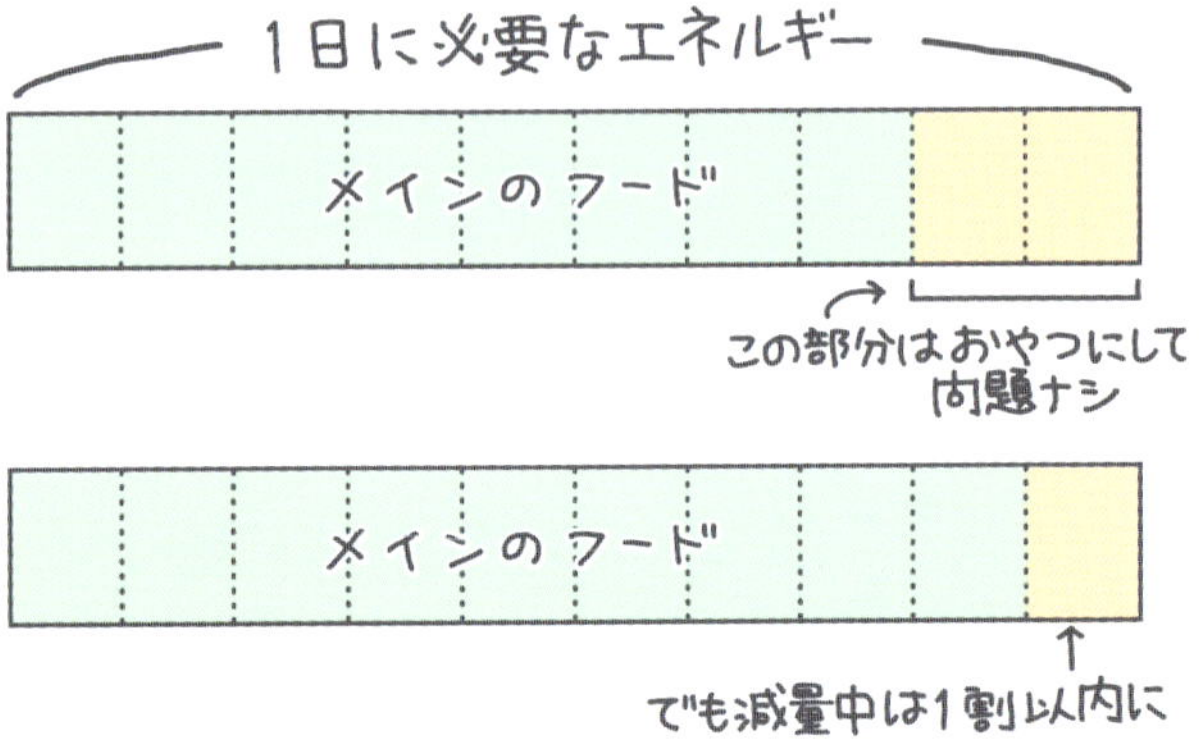

減量中に悩むのがおやつ。そもそも市販されている猫用のおやつ（間食）には、高カロリーのものはほとんどありません。そのため、一つひとつのおやつのエネルギーを気にして選ぶことは、あまり意味がないでしょう。太事なのは1日に与える総エネルギー量です。公正競争規約では、**おやつは1日に必要なエネルギー量のうち、2割にとどめる**ことを定めています。2割以内を守って正しい食生活をしていれば、どのおやつをあげても太ったり、栄養バランスが崩れることはありません。

ただし減量用療法食を使う場合、メーカーの多くは、**減量中はこれを1割までに抑える**よう推奨しています。減量中でも無理におやつをやめる必要はありませんが、いつものおやつを半分にするなどして調整しましょう。

水分の多いおやつが○

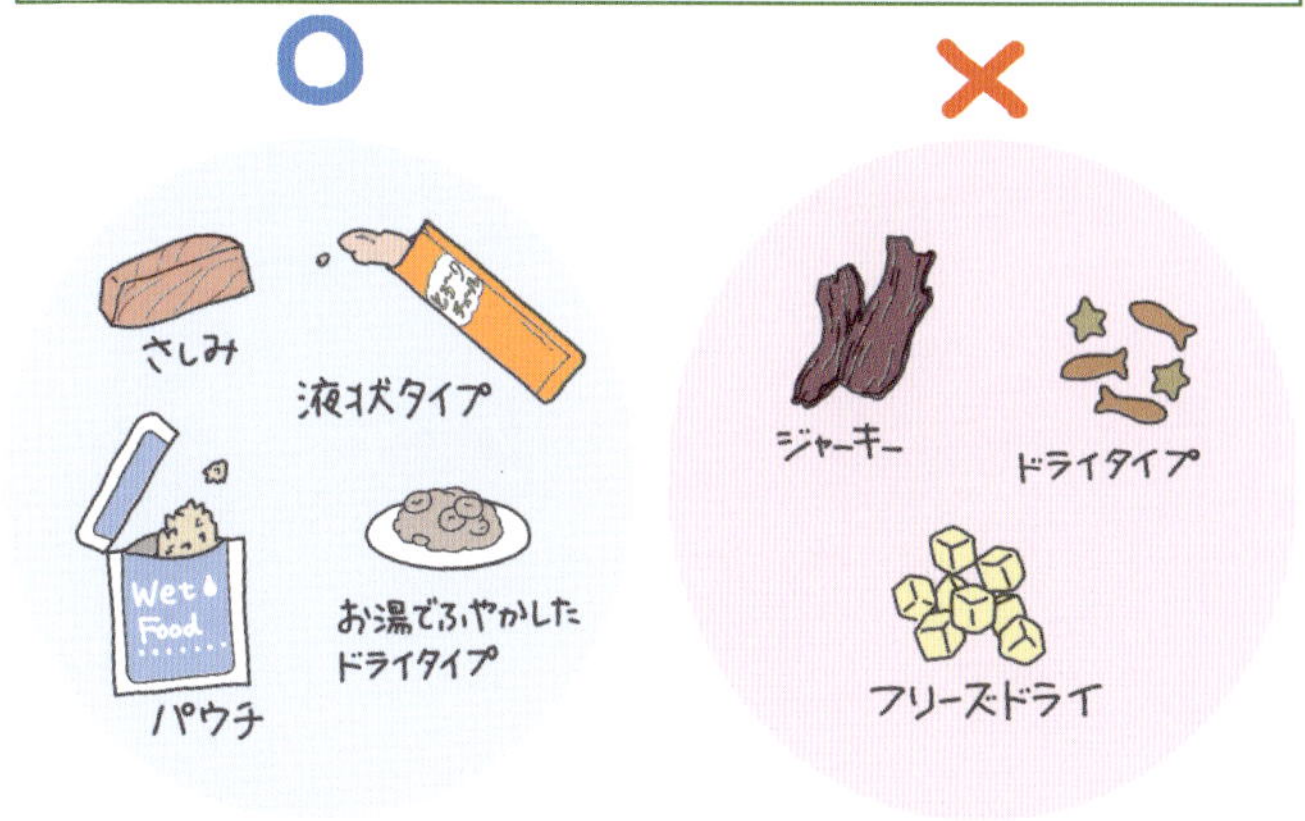

おやつは種類より総エネルギー量が大事、とお話ししましたが、猫と飼い主の満足度という観点からいえば、減量中におやつを与えるなら、水分含有量が多いものを選ぶのがよいでしょう。**同じエネルギーなら水分が多い方が、ボリュームが出るので猫にとって食べ応えがあります。**また、飼い主の「たくさんあげたい」気持ちも満たされます。

さしみとジャーキーならさしみの方が減量向き。今流行りの液状のおやつも、ほとんど水分でできているので、減量中に使いやすいおやつといえます。

フードはドライよりもウェットの方が、やはり与えられる量は多くなります。

添加物って安全なの？

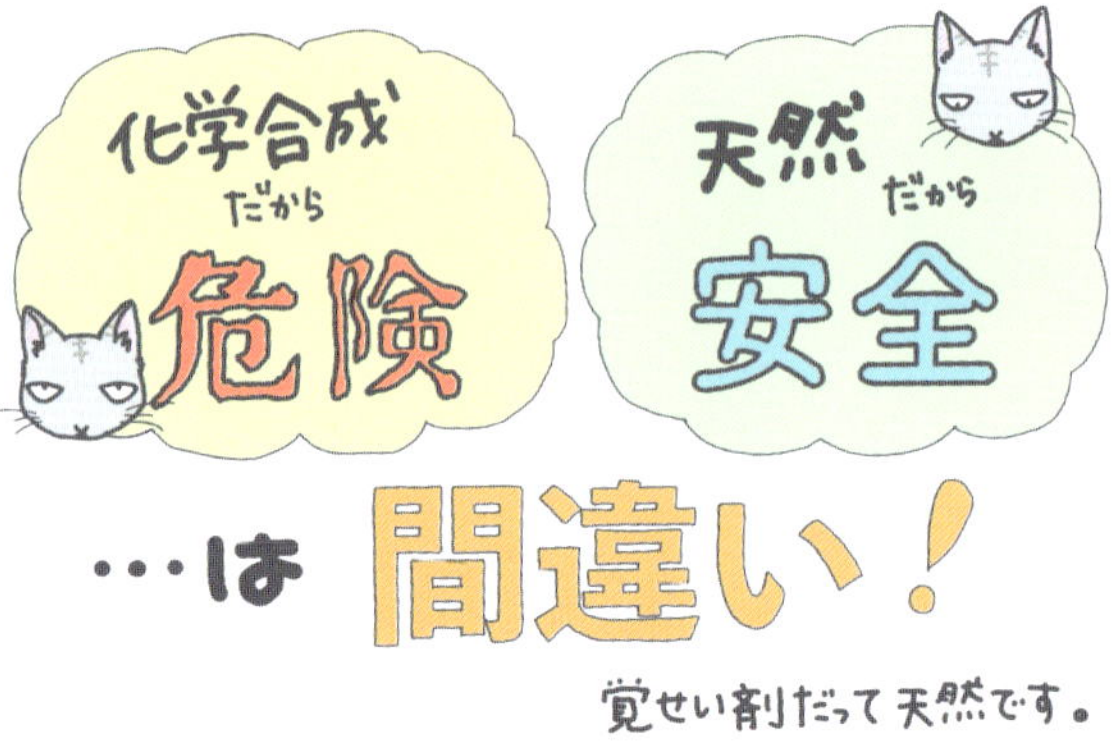

酸化防止剤や保存料をはじめ、フードに使われる添加物。何となく体によくないイメージがあるかもしれませんが、実際どうなのでしょうか。人を対象とした研究では、添加物を使用しなかった食品は、使った場合よりも十万倍、健康被害のリスクが高まるとの結果もあります。

ペットフードに使用される添加物のうち規制が必要なものは、ペットフード安全法（左ページ参照）で、摂取許可量などの安全基準が定められているため安全です。

また、添加物は天然素材じゃないから危険という声も聞きますが、天然の保存料である塩や砂糖は、保存性を高めるため大量に必要です。しかし、塩や砂糖を摂取しすぎることは決して健康的とはいえません。添加物はそれらの代わりにわずかな量で使われているのです。

フードに良し悪しはあるの？

フードの価格はさまざま。どれを選んでも大丈夫なのでしょうか。かつて有害物質のメラミンが混入したフードを食べ、アメリカで犬猫が死亡する事件がありました。これを機に、2009年に日本で誕生したのがペットフード安全法です。フードの安全を守るため、有害な物質を入れてはいけないこと、原材料はすべてパッケージに書かねばならないことが国の法律で定められました。海外製でも、日本で販売されるならこれを守る必要があります。違法なフードはないか、農林水産省管轄の機関が厳密にチェックもしています。そのため日本には、猫の体に害を与えるような粗悪なフードは存在しません。**値段の差は、大量に作っているかや、原材料の違いによるもの。**安いからと不安になる必要はありません。

獣医師は使用する療法食をどう選ぶ?

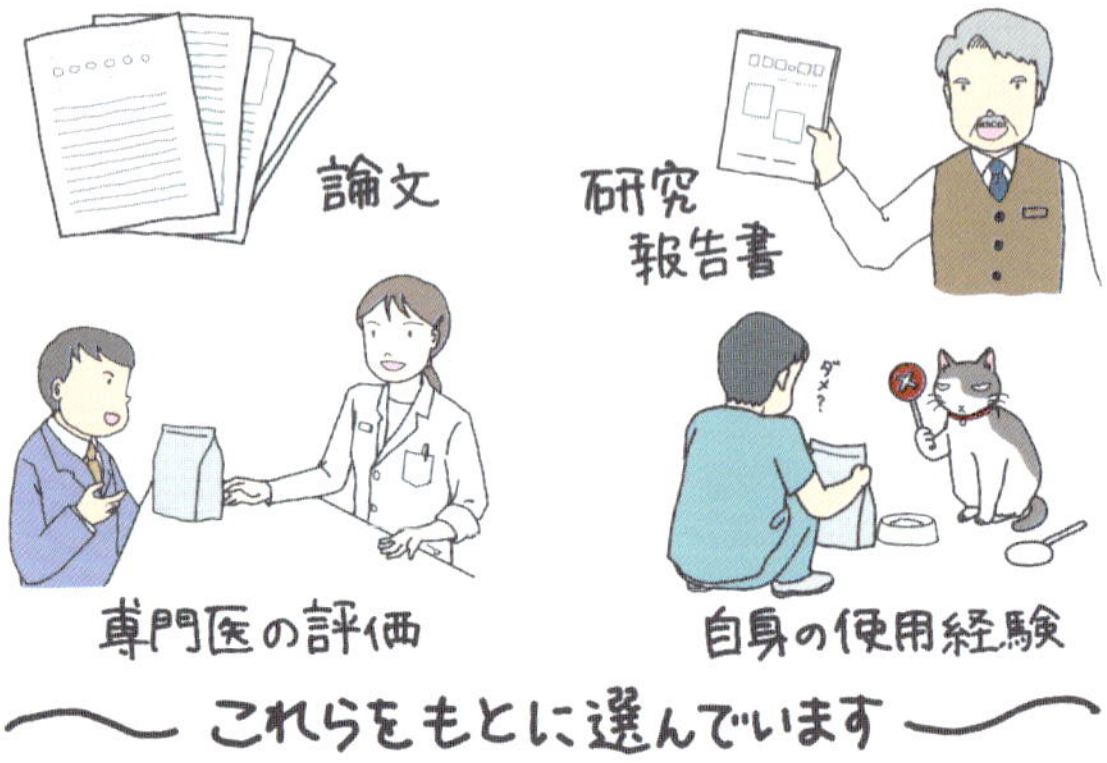

世の中には老舗から新参まで、数多くのメーカーの療法食が存在します。同じ病気向けでも、メーカーによりアプローチが異なることもあります。例えば、尿路結石用フードの場合は、結石の原因となる成分を極限まで減らしたものや、塩分を強化し猫に水の摂取を促すものなどがあります。

多様な療法食がある中で、獣医師は信用できるもの、猫によって合うものを選択する必要があります。その**判断の手がかりがエビデンスです。**エビデンスとは、効果があることを示す科学的根拠のこと。メーカーが公開する論文や社内研究報告書、その病気の専門医の評価、自身の使用経験などがエビデンスとして使われます。**加えて、猫(患者)の体調をチェックして選んでいます。**

療法食はなぜ高い？

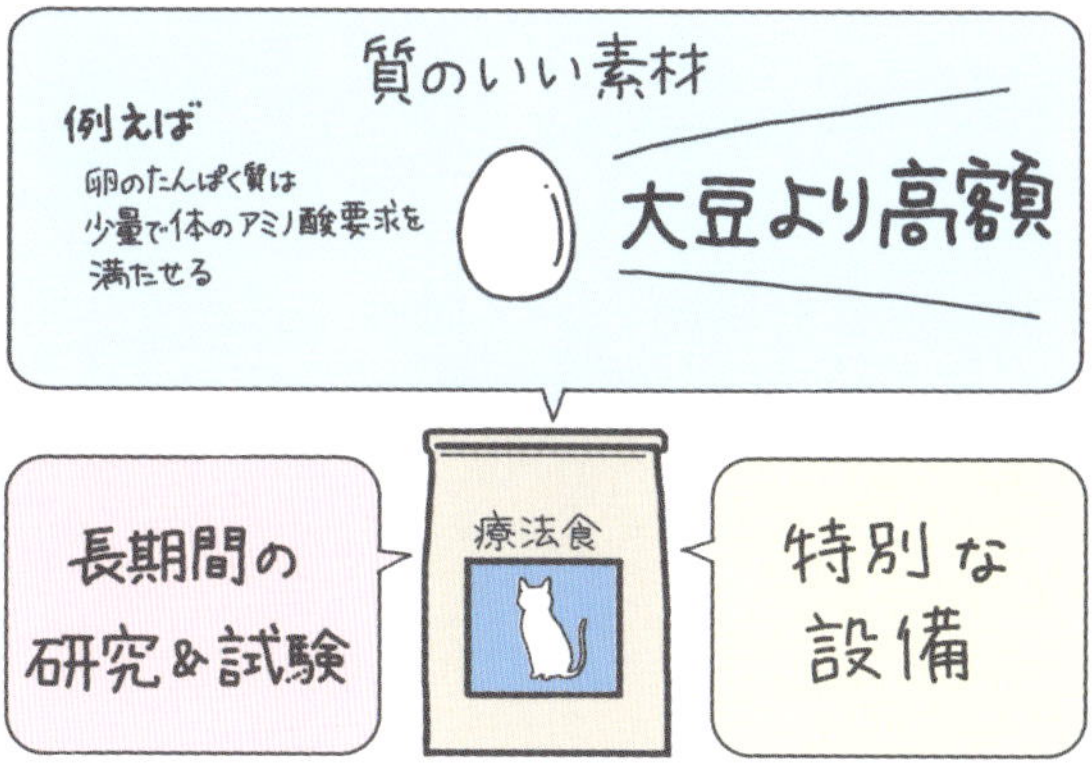

療法食は、一般的な総合栄養食に比べ、高額であることが多いです。これは、**開発と原材料にお金がかかっている**ことが理由です。

療法食は、F1のレーシングマシンのようなもの。**メーカーが現時点で持てる技術の粋を集めて開発します。**時がたち、その技術が一般的なものになると一般車に落とし込みます。この一般車にあたるのが総合栄養食です。

例えば10年の歳月をかけて作られた製品もありますが、研究に膨大な人件費や設備費などがかかっています。

また、病気の種類や体の状態によって、特殊な栄養要求を満たさなければいけないため、一般的な原材料が使えず、高額なものを使用する必要があることも、療法食が高い理由です。

4章のおさらい

❶ペットフードは4種類ある。パッケージの表示を見て選ぼう

❷減量用の療法食は低カロリーで、量を多く与えることができる

❸療法食への切り替えは、猫にプレッシャーを与えず気長にがコツ

❹減量中のおやつは、食事全体のエネルギー量の1割に抑える

❺ドライフードはまとめ買いせず、1カ月で食べきる量を目安に

5章

運動の役割と方法

工夫次第で猫も運動させることは可能です

減量の主な手段は食事管理ですが、運動もセットで行うのが原則です。運動はいわば、減量のサブメニューといった感じでしょうか。

運動で見逃せないのがリフレッシュ効果です。以前のように食べられず不満をため込んでしまった時には、何よりのストレス発散となります。

体質的にもやせやすくなります。減量中、飼い主が上手に運動を取り入れることで、当初想定していたよりも体重がスムーズに落ちるケースを目にすることも多く、運動の効果を実感しています。

ただし、関節症などの猫に激しい運動をさせると健康を害する場合も

INTRODUCTION

あるので、運動のメニューについても獣医師の指示に従ってください。

ところで、猫の運動といわれても、その方法がわからない飼い主もいらっしゃるかもしれません。しかし少しの工夫で、猫に運動させることは十分可能です。

ポイントは、運動を強制するのではなく、あくまで遊びとして取り組んでもらえるように仕向けることです。要は、猫の気持ちをいかにのせられるか。「これ、面白い！」とわかれば、自分から体を動かしてくれるようになります。よく「うちの猫は遊ぶのが嫌いで……」という話も耳にしますが、たいていは、太りすぎにより遊ぶのがおっくうになっているだけです。

猫の習性や本能を利用したり、飼い主の留守中にひとりで遊べるものなど、猫にとっても楽しさ満点の運動メニューをご紹介します。

運動させることの意義

ストレス解消

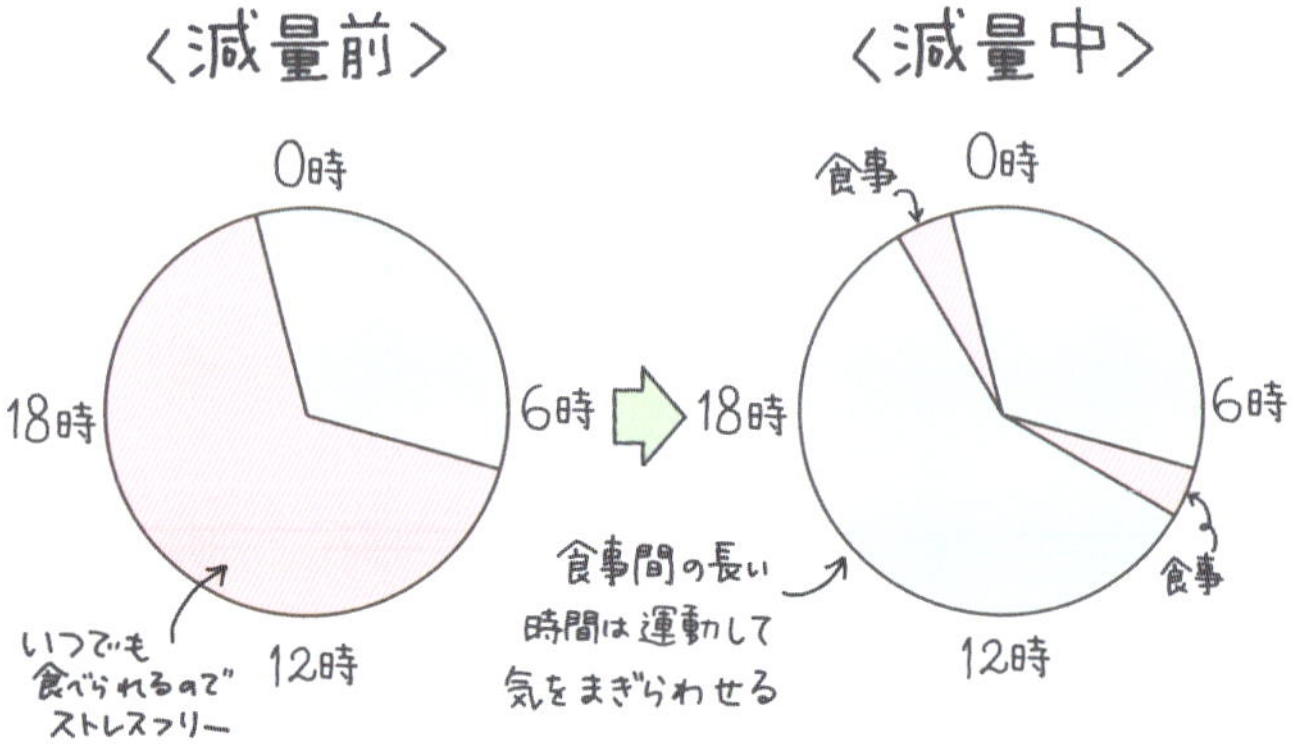

減量用の療法食は、低エネルギーで満腹感が得られるように作られています。とはいえ、それまで置きっぱなしのフードを好きなだけ食べていた猫が、**減量を始め、厳密に管理された食生活に変わると空腹を感じ、それがストレスになることもあります。**

ストレスを抱えると、過剰に毛繕いする、毛をむしる、トイレ以外の場所で粗相する、尿を壁やカーテンにかけるなどのスプレー行為をする、同居猫にケンカを吹っかけるといった行動を取るようになります。これでは猫もかわいそうですし、飼い主も迷惑ですね。

運動をすれば気がまぎれ、気分がリフレッシュ。ストレス解消になるので、**猫のメンタルへの負担を減らしながら減量が続けられます。**

代謝を高め、やせやすい体質に

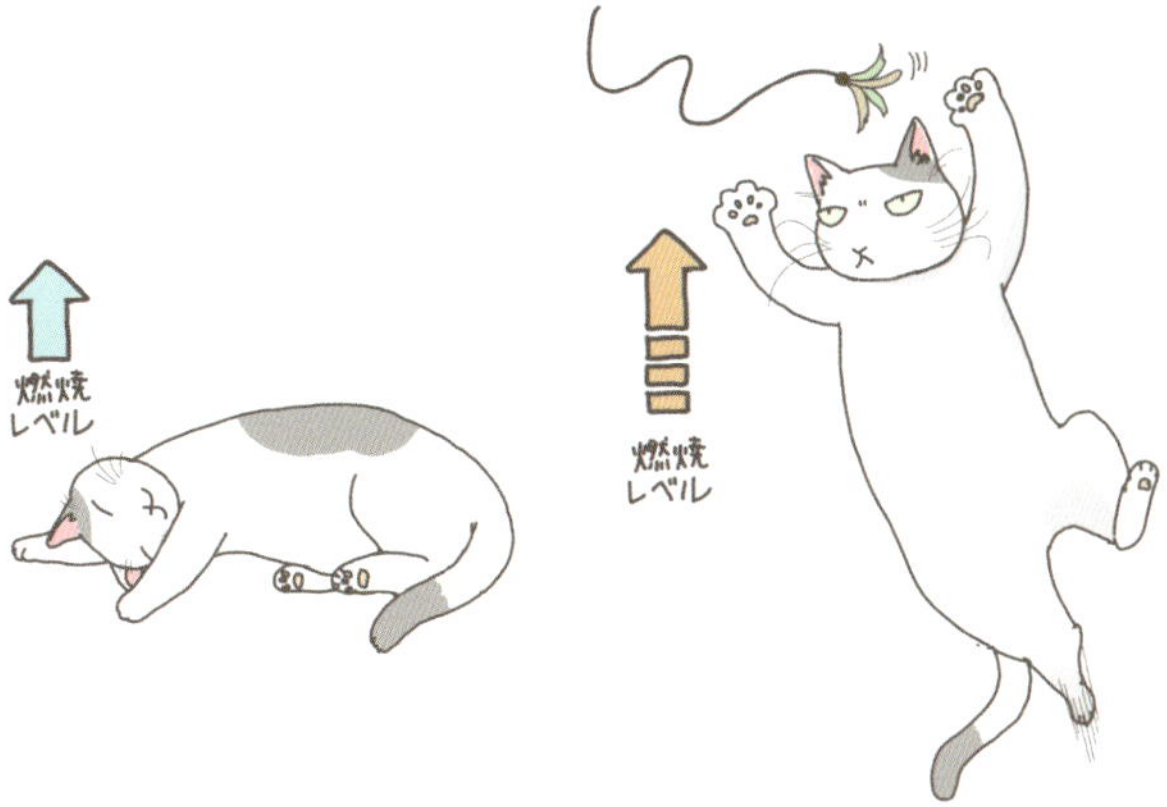

運動だけで減量させるのは、現実的ではありません。運動で、体重を目に見えて減らすほど脂肪を燃焼させるのは至難の業だからです。右ページで述べたとおり運動は、ダイエット中のストレス解消という意味合いが大きいと考えましょう。

とはいえ**運動すれば代謝が上がるため、減量の大きな手助けとなります。**

減量を始めてしばらくすると、多くの場合、体重が減らなくなる停滞期が訪れます。このタイミングで運動量を増やすと、停滞期をすぐに抜けられます。

いったんやせ始めると、体が軽くなり、猫が自分からよく動くようになることで、さらに**スピーディにやせていく好循環に入ります。**

食事の満足度がアップ

猫に取り入れやすい運動法に、エサを食べたいという猫の食欲を利用したものがあります（詳しくは93ページ〜）。研究の結果、すべての生き物は、**食べ物をただでもらうより、仕事の報酬として得る方が喜びを感じることがわかっています。**これを心理学用語でコントラフリーローディング効果といいます。動物園でも、時間になるとただエサが出てくる環境では動物がストレス行動を取るようになります。そのため、最近は環境エンリッチメントという動物の住む環境を豊かにする試みの一環として、エサをわざと隠すこともあります。猫の場合も「苦労して食べさせるなんてかわいそう」と、罪悪感をもつ必要はありません。むしろフードを介して飼い主とコミュニケーションが取れ、猫は生き生きとします。

関節症予防で肥満加速を防止

22ページで述べたとおり、高齢の猫によく見られる関節症ですが、**肥満の猫は関節症になりやすく、また反対に、関節症は肥満を加速します。**この2つは互いを誘発しながら負のサイクルに入り込み、そのままにしておくと、どちらもどんどん悪化していってしまいます。

無理のない範囲で**運動を行うことにより、関節症を予防したり、**関節に問題がある場合も、**進行を遅らせ発症を防ぐことができます。**その結果、肥満の防止や改善につながります。

ただし、激しい運動は関節の痛みを助長させることがあります。最近は猫用のルームランナーを用いた運動も取り入れられていますが、これらは関節への衝撃が少ないものとされています。

どんな運動が効果的？

おもちゃで遊ばせる

猫用おもちゃには、さまざまなタイプがありますが、**猫によって好みが異なります。**猫じゃらしは、リボンやひもなど先端につけるアイテムを変えて、愛猫好みに手作りするのもよいですね。床や壁に照射した光を追わせるレーザーポインター（もしくはLEDポインター）も猫に人気。遊びを終わらせる際は、**いきなり光を消してしまうと、一生懸命追いかけていた対象を見失い、猫の気持ちがモヤモヤしてしまいます。**最後は光を当てた場所におやつを置き、「獲物をゲットした」という達成感を与えましょう。ポインターで遊ぶ時は光が目に当たらないように注意を。遊んであげる時間がない時は、おもちゃをつけたスリッパをはいて歩き回ったり、電動おもちゃを使うといいでしょう。

あちこちにフードを隠す「宝探し」

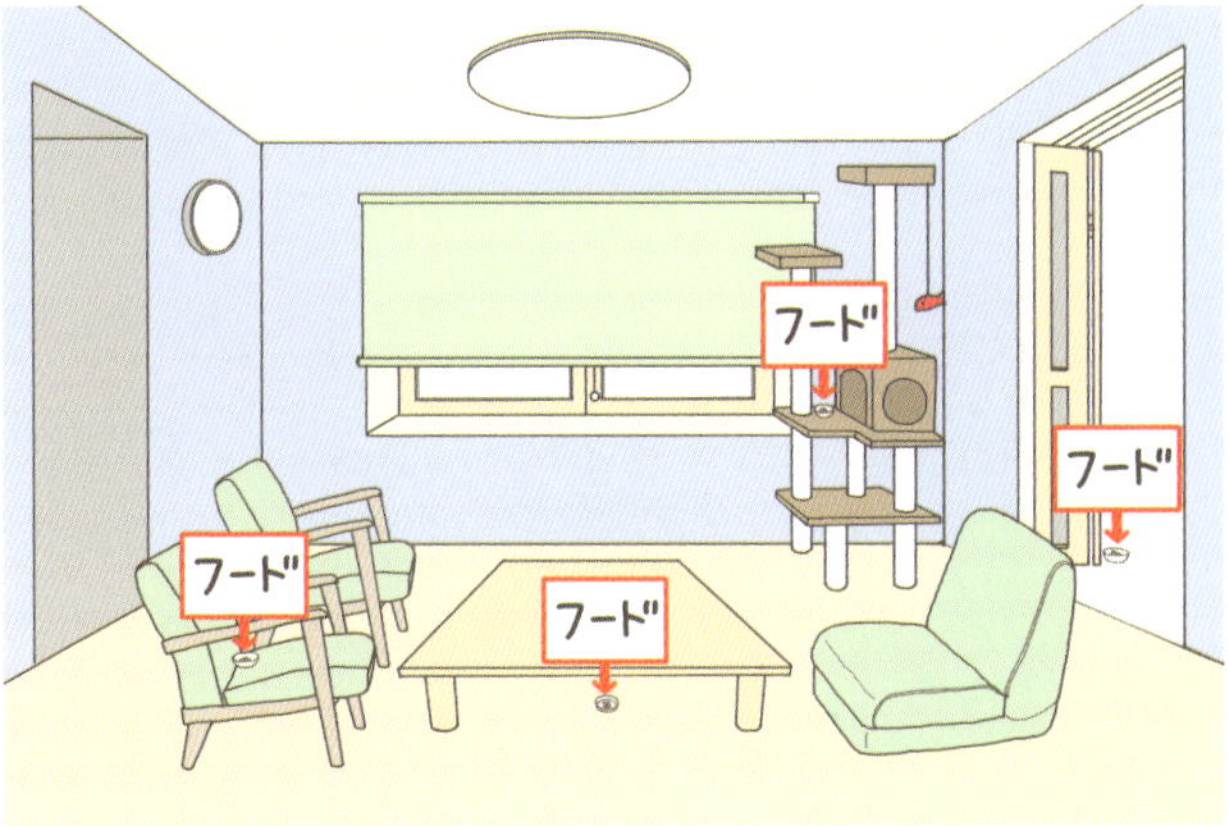

ドライフードの粒を、家のあちこちに隠して探させる宝探しゲームも取り入れてみましょう。

はじめは猫のすぐ近くにフードを置き、「探しておいで」と声をかけます。この言葉を合図に、宝探しが始まるというルールが理解できたら、今度は猫に見えない場所に隠して同様に行いましょう。最初から難しい場所に隠すとストレスになるので、簡単に見つかるところから始めてください。慣れてきたら難易度を上げ、隠す範囲を広げましょう。キャットタワーの途中に置けば、登り下りする上下運動にもなります。**宝探しを通して家の中を歩き回ることは、テリトリー（自分の生活エリア）を見回る猫の習性に直結するので充足感が得られます。**留守番時に、ひとりで運動してもらえる点もよいですね。

時間をかけて攻略する「知育トイ」

穴の開いたボールにドライフードを入れておき、猫が転がすとフードが出てくる知育トイなら、喜んで攻略してくれます。**少量のフードでも時間をかけて食べられるため、空腹によるストレスが生じることもありません。**

ペットボトルや、ガチャガチャのカプセルにライターで穴を開けて手作りもできます。最初は穴のサイズを大きくし、要領がつかめてきたら難易度を上げていきます。

ペットボトルが怖い猫には、いくつか穴を開けた空き箱にフードを仕込みましょう。前足を突っ込んでフードを出したり、他の穴からポーンと飛ばしたりと試行錯誤しながら取り組んでくれるでしょう。他にも、芝生のような突起の間にフードを入れておき、前足でかき出すグリーンフィーダーという知育トイも市販されています。

フードで誘導する

フードを入れた皿を持って、家の中を行き来しましょう。**すかさず猫がついてくるので、歩かせることができます。**応用編では、部屋を仕切る引き戸を、左右それぞれ少し開けておき、戸に対して猫がいる反対側に移動します。やはり皿を持って歩きながら、右、右、左、右……と、左右の隙間からランダムに顔を出してみましょう。隙間から飼い主を見つけるたび、**鬼ごっこの要領で、猫も右に左に走り寄ります。**

ドライフードを与える際には、一粒ずつ手に取って、猫の口元より少し高い位置に持っていってみましょう。食べようとして後ろ足だけで立ち上がるので、足の筋力トレーニングになります。(※)

※参考動画（https://youtu.be/1yAK8cGHKqE）

楽しく運動してもらうコツと注意点

最適な運動時間やタイミングは?

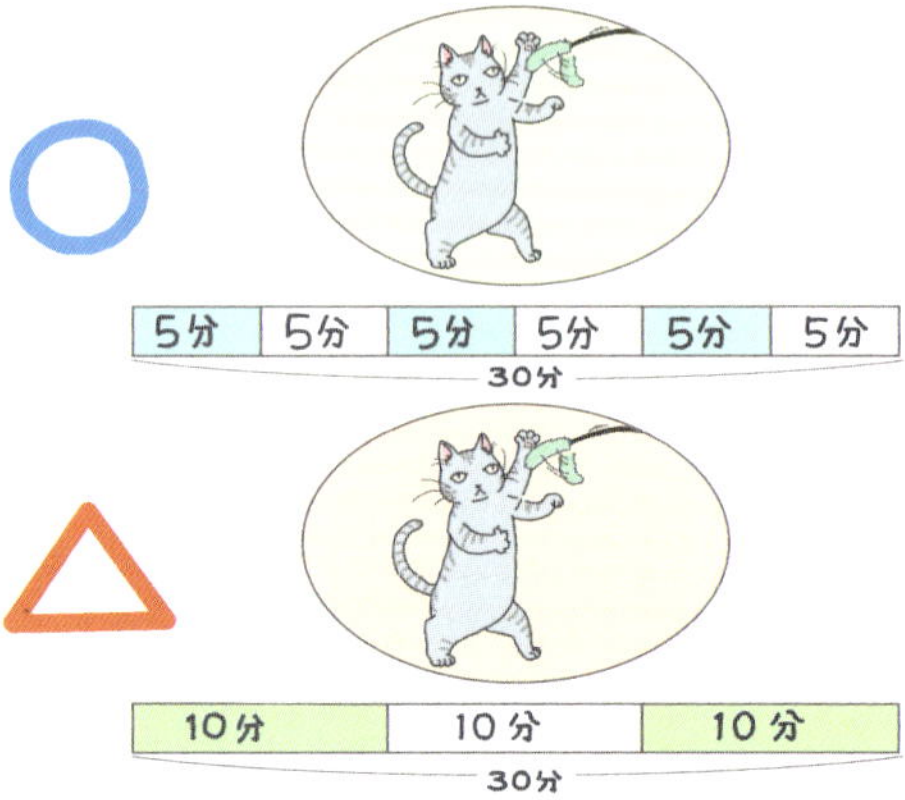

猫は犬と比べて、飽きっぽい性質の持ち主です。運動時間も長いと、最初は熱中していても途中で飽きてやめてしまいます。**猫が楽しめる内容を、1回の時間を短めにし、その代わり回数を増やして設定しましょう。**10分間の運動を3回行うよりも、5分間を6回の方が、猫が飽きずに最後までやりとげることができます。1日のトータルの運動時間は30〜60分程度が望ましいです。

また、猫は夜行性だと思っている人がいますが間違いです。正しくは薄明《はくめい》薄暮《はくぼ》性《せい》といって、早朝と夕暮れにもっとも活動的になり、日中や夜はよく寝ています。猫が活発になる時間帯に運動をさせると、猫も気分が乗りやすいでしょう。**フードを使った運動をさせるなら、お腹が減っている時間に行うと、やる気が高まります。**

同じ遊びばかり繰り返さない

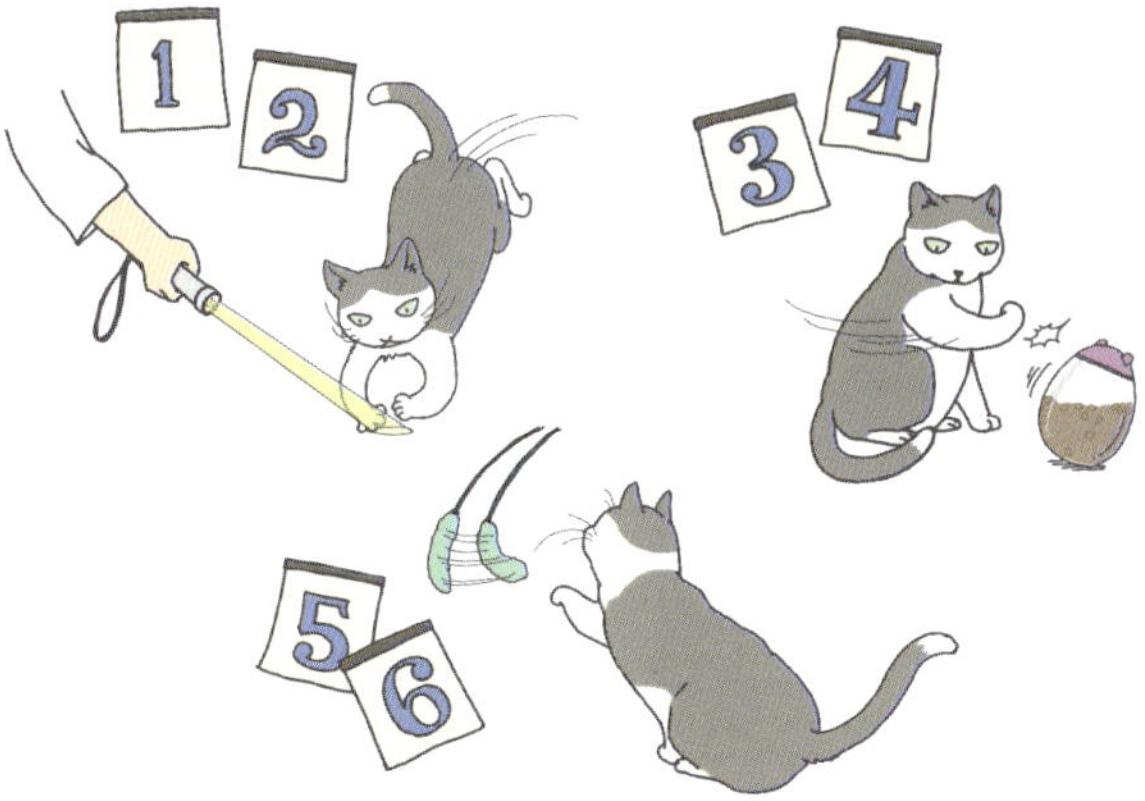

気に入った遊びやおもちゃでも、毎日ずっと同じことの繰り返しでは飽きてしまいます。これは人間でも同じことがいえますね。

遊びやおもちゃは複数用意しておき、レーザーポインターで2日間遊んだら、3日目からは知育トイに替えてみるなど、**ローテーションしましょう。**「そうそう、この遊び、好きなんだよね」と、ワクワク感がよみがえり、**毎回新鮮な気持ちで遊んでくれます。**

そして1日に1種類の遊びやおもちゃを用意するのではなく、3種類ぐらい用意してあげるのがベターです。自宅におもちゃがなくても、フードを入れた卵パックや、トイレットペーパーの芯を輪っか状に短くカットしたものなど、身近なもので代用ができます。

おもちゃの動かし方を工夫

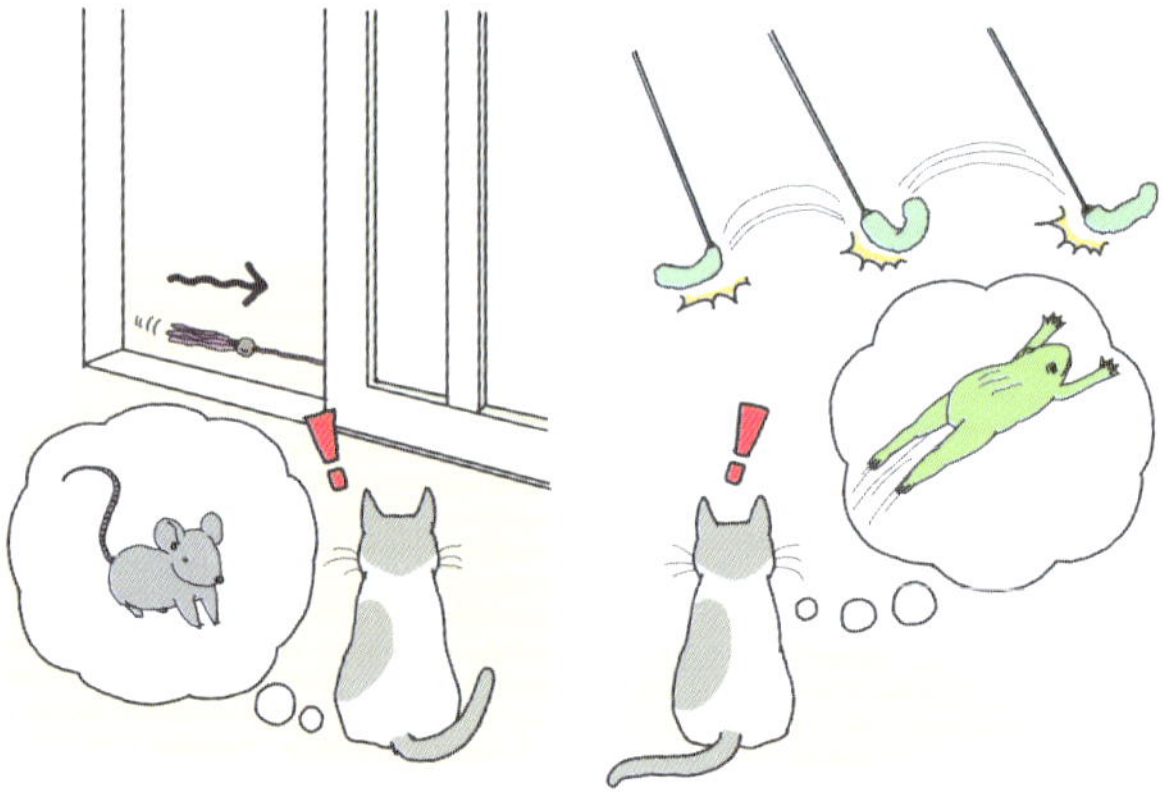

猫じゃらしのようなおもちゃは、ただ与えるだけではすぐに見向きもしなくなってしまいます。猫が夢中になるような動かし方を工夫してみましょう。

どんな動きにそそられるかは、猫によってさまざまです。振るだけで十分喜ぶ猫もいれば、ドアと床の隙間から、出たり引っ込んだりすると飛びついてくる猫もいます。他にも、上にポーンと飛ばすようにしたり、床をゆっくり這わせたりと、**いろいろ試して、愛猫の好む遊びを見つけましょう。**

猫は遊びを通して、狩りで獲物を捕まえる際、どの筋肉をどのタイミングで使えばよいのか練習しているのです。猫じゃらしの動かし方も、**ネズミやトカゲ、鳥など自然界の生き物の動きをイメージする**とうまくいきます。

関節を痛めない運動法を

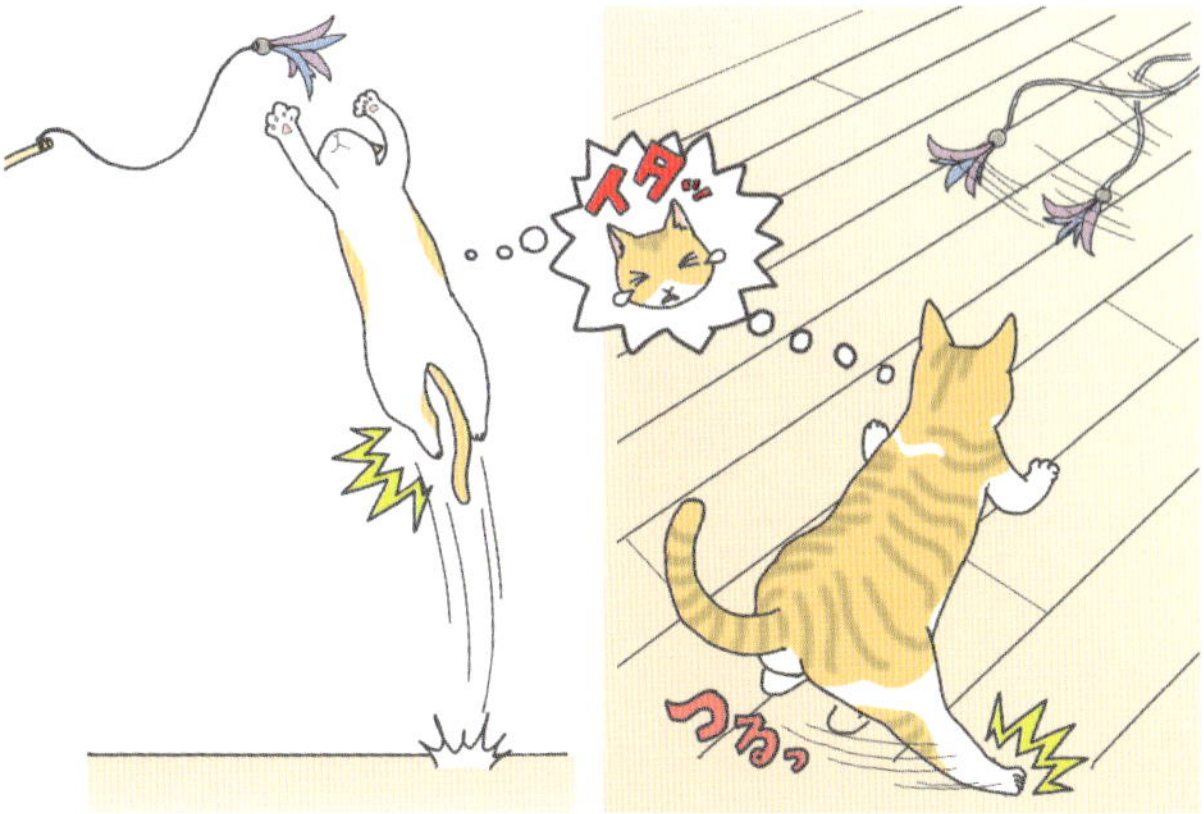

関節症の猫に対し、飼い主が勝手に運動メニューを考えるのは禁物です。関節症もしくは関節異常が疑われる時には、どのような運動を取り入れたらよいか、獣医師の指示を仰ぎましょう。一般的には関節症になってしまったら、平らな場所でジャンプを伴わない運動を1日30〜60分させるなど、体を適切に動かすことで、ケアに努めます。

関節異常の有無に関係なく、猫が自主的に動く場合を除き、**ピョンピョン飛び跳ねるような強い衝撃の伴う運動を、人が繰り返し強制するのはよくありません。**特に成長期にある生後半年以内の子猫にはNG。フローリングでの運動も関節に負担となるため、ジョイントマットを敷くなど、**足が滑らない配慮を**してあげてください。

番外 ストレスが少なく楽しい部屋とは

1 キャットタワーは窓際に

部屋の中にキャットタワーやキャットウォークがあると、猫が日常的に上下運動する機会を作れるのでおすすめです。通行人や鳥が見える窓際や、魚のいる水槽が見えるところに設置すると、好んで登るようになります。ただしエアコンの風が直接あたる場所は嫌がる猫もいます。また、キャットタワーから本棚の上などを伝って、床に降りる必要なくトイレや水飲み場に行けるようにしてあげるとベストです。

関節症の猫は、段差の小さいキャットタワーに替えると、無理なく上下運動ができます。前足の長さの半分ぐらいの高さが、楽に登り下りできる目安です。

2　フードはトイレの近くに置かない

フードや水をトイレのそばに置くのはNG。猫だってトイレの横では食が進みません。猫は排泄後、後ろ足で砂をかける習性がありますが、飛び散った砂が水に入れば不衛生です。仲のよくない同居猫や、犬がいる場合は、高い場所にフードを置いてあげると落ち着いて食べられます。

3　キャットタワーもトイレから離す

キャットタワーは猫がくつろぐ場所なので、トイレは離して置きましょう。トイレのそばだと何となく嫌で、登りたい気持ちがなくなってしまいます。関節症の場合、猫が普段過ごす場所と同じフロアにトイレも設置を。排泄のたびに階段を登り下りするのはつらく、粗相の原因となります。

5章のおさらい

❶運動は減量のストレス解消にもってこい

❷フードを使った運動法は、猫も満足度が高い

❸愛猫が夢中になるおもちゃや動かし方を見つけよう

❹最も効果的に運動させられる時間帯は早朝と夕暮れ

❺キャットタワーは眺めのよい場所に設置しよう

6章

ダイエットお悩み相談室

お悩み 1

Q 近くの病院で減量指導しているかどうか知りたい

横井先生

A まずは電話で聞いてみよう

動物病院によって、減量指導に熱心なところとそうでないところがあります。まずは電話で減量指導を行っているか問い合わせてみましょう。「どうぞ、相談にいらしてください」と快く応対してくれるなら、前向きに指導を行ってくれる病院である可能性が高そうです。ｉｓｆｍ（※）（国際猫医学会）が、動物病院内の施設や猫の扱いなどが猫に優しい病院を審査・認定する、キャット・フレンドリー・クリニック（ＣＦＣ）という規格があります。猫の減量指導もしっかり行える病院探しの、一つの目安にはなりそうです。国内のＣＦＣ取得病院は、ｉｓｆｍの公式な日本のパートナーである、ＪＳＦＭ（ねこ医学会）のサイト（www.jsfm-catfriendly.com）から確認できます。

※isfm…International Society of Feline Medicineの略

お悩み 2

Q 動物病院で怯えてしまいかわいそう

入交先生

A タオルで安心させよう

来院時には、バスタオルや大きな布を持っていきましょう。動物病院に着いたら、待合室で犬を見て怖がらないよう、キャリーケースに布をかけて目隠しをします。車で待たせてもらうのもよいですね。

診察室に入ったら、獣医師と話している間はキャリーケースのすき間から猫に様子を見させ、少ししたらキャリーケースから出して診察台に載せるなど、のんびりした手順で猫の緊張をほぐします。バスタオルで猫をすっぽりくるんでから、そっと出してあげると落ち着く猫もいます。

あまりにも緊張するようなら、不安を解消するサプリメントや薬もあります。トラウマになる前にちょっと薬に手伝ってもらうことは、猫にとっても楽です。

お悩み 3

Q 療法食が高い

A 病気の予防と考えれば決して高額ではない

減量で使用する療法食は、一般的な総合栄養食と比べると割高です。金銭面の負担を考え、減量に踏み出すのを躊躇《ちゅうちょ》してしまうかもしれません。

しかし、こう視点を変えてみてはどうでしょうか。「お金がかかるから」と減量せず、肥満を放置すれば、将来さまざまな病気のリスクが高まります。病気になれば検査や治療、薬などの費用がかさんでしまいます。

そもそも、療法食の一日の食費代を計算すると、2kg約4700円のものを1日40g食べたとして1日約94円。2kg約1700円の総合栄養食を1日70g食べると1日約60円。病気の予防という意味で考えれば、決して高いとはいえないのではないでしょうか。価値あるフードだからこそ、真剣に減量に取り組めます。

実際に病気になると

例えば重度の糖尿病にかかった場合、
治療にかかる1年間の費用の目安は次のとおり。

項目	費用	小計
糖尿病とわかった時の初診代	約3〜4万円（検査代含む）	3〜4万円
インスリン注射代	約8000円（シリンジ代も含む）／月×12カ月分	9万6000円
月々の診察代	約1万8000円／月×12カ月分	21万6000円

合計：34万2000円〜35万2000円／年

※費用は動物病院により異なります
※別途、療法食と自宅用のインスリン費用が必要になります
※症状が安定してくれば費用は変わります

お悩み 4

Q 療法食にしたら便の調子が悪い

A 体質に合うフードを選択し与えます

きわめてまれですが、体質的にフードが合わず、便秘になったり、かゆみが出ることがあります。万が一、何らかの症状が出たら、すぐに獣医師に相談を。数多くのメーカーが療法食を出しているので、その中から、猫に合うものを選んで与えます。

減量用療法食には、食物繊維が多く含まれていますが、食物繊維には水に溶ける水溶性と、溶けにくい不溶性の2種類があります。便秘になりやすい猫が不溶性繊維の多いフードを食べると、便が出にくくなることも。その場合は不溶性繊維が多すぎないフードを選びます。

トラブルを避けるためにも、療法食に切り替える際は、1週間～10日かけて、変わったことがないか様子を見ながら、徐々に療法食の割合を増やしていきましょう。

お悩み 5

Q 他の猫のフードを食べちゃう

A それぞれの猫に別々の部屋で給餌を

２匹以上の猫がいる多頭飼いの家庭では、食欲旺盛な猫が、食の細い猫のフードまで食べてしまい、肥満になるケースがよく見られます。一匹ずつの食事管理が面倒だからと、フードを置きっぱなしにすることが多く、このことが、食いしん坊猫が他の猫の残りに好きなだけありつける状況を作ってしまっているのです。

猫ごとに皿を用意し、それぞれ別の部屋で与え、食事中に横取りされないようにします。一日の中で回数を分けて与えましょう。食べ終えるか、残っていてももういらない様子なら、皿を下げてしまいます。

太っていると高い場所に登れなくなるので、他の猫のフードを、食いしん坊猫が登れない、背の高い家具の上などに置くのもよい方法です。

お悩み 6

Q おやつをあげすぎたけど怖くて獣医師にいえない

A 無理のないやり方を一緒に見直しましょう

減量しているのに、なぜか体重が増加。心当たりをたずねても、飼い主は首を横に振るばかり。実際は、我慢できずにおやつを多めにあげてしまったけれど、怖くて打ち明けられない……減量あるあるです。嘘をつくのも嫌で二度と来院しなくなる人もいるようです。

まず、そんなことでは獣医師は怒らないので大丈夫。本当のことをいってもらえないと、なぜ体重に反映されないのか、今後の減量方針をどう立てればよいかわからなくなるので、正直に申告してくださいね。

約束した以上のおやつをあげてしまったということは、減量のやり方に無理があったのかもしれません。そんな時は、その人の家庭に合ったより現実的な減量方法を、一緒に考えていきましょう。

お悩み 7

Q 体重がなかなか落ちない

A 一時的に減少がストップする停滞期が訪れます

減量を始めて1〜2カ月ほどすると、体重の減少が止まる、停滞期と呼ばれる時期が訪れることがあります。それまでより摂取エネルギーが減ることで、体が現在の状態を維持しようと、脂肪の燃焼を緩やかにして消費エネルギーを減少させている、つまり、摂取カロリーと消費エネルギーが拮抗《きっこう》した状態と考えられます。そのままの食事量でも時間をかければ自然と停滞期を脱出しますが、食事量を減らすか運動量を増やせば、よりスムーズに抜け出せます。なお、体重の減り方には個体差があり、つねにきれいな右肩下がりで落ちていくとは限りません。短いスパンで見て変化がなくても、減量開始時から比べてみるとかなり減っていることも。長期的に見て、あせらないことも大事です。

お悩み 8

Q 毎日フードを量るのが面倒くさい

A 休みの日にまとめて小分けにしておこう

忙しい現代人にとって、フードの量を毎回量って与えるのは面倒なもの。とはいえ、計量がいい加減だと給与量に誤差が生じ、体重管理が台無しになりかねません。

おすすめなのが、休みの日にまとめてフードを計量し1日分ずつ小分けにしておく方法です。1週間分作り置きしておけば便利ですね。こうして用意しておけば、他の家族に給餌をお願いする時も、正確な量をあげられるので安心です。

小分けにしたものはフタ付きの密閉容器やフリーザーバッグに入れ、冷暗所で保管しましょう。多頭飼いで、猫によってフードの種類や量が違う場合は、容器に猫の名前を書いておくと間違えません。

7章

実録ダイエット日記

ほんとにやせる？

実際に減量にチャレンジ！

ここまで紹介してきた減量法をもとに、家庭環境の異なる猫3匹に、実際に減量にチャレンジしてもらいました。それぞれどのような経過になるのか、見ていきましょう。

1 ころちゃん（日本猫）

7歳／オス

元ノラの保護猫で、現在は1DKのマンションでご主人と暮らす。日中は1匹で過ごすことが多い。去勢済み。

体重 7.8kg

BCSレベル 5

ころちゃん
飼い主

フードには気をつけていたし、骨格が大きいので、多少丸くても、そんなものと思っていました。

目標体重 6.5kg

※BCSレベルは5段階で評価しています

2 レオちゃん（日本猫）

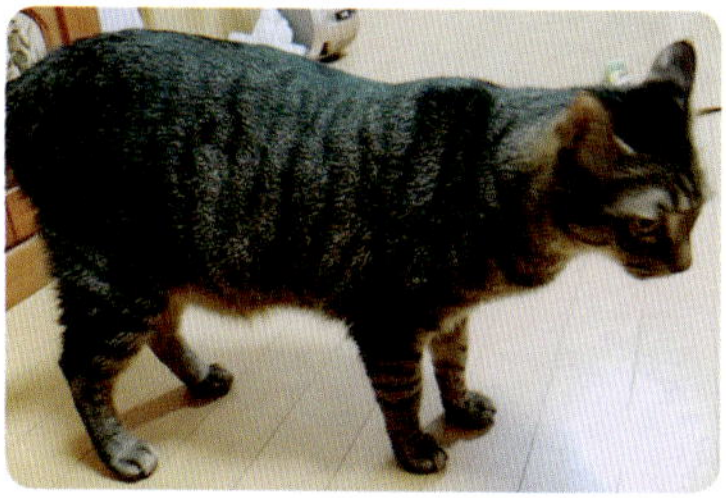

4歳／オス

一戸建て住宅で3人の家族と暮らす。室内飼いで、家の中は2階と3階廊下までが行動範囲。去勢済み。

体重 7.3kg

BCSレベル 5

レオちゃん
飼い主

なかなか遊んであげる時間がとれず、運動不足気味。フードもよく食べ、気がついたら7kgオーバーでした。

目標体重 6.0kg

3 ミイコちゃん（スコティッシュフォールド）

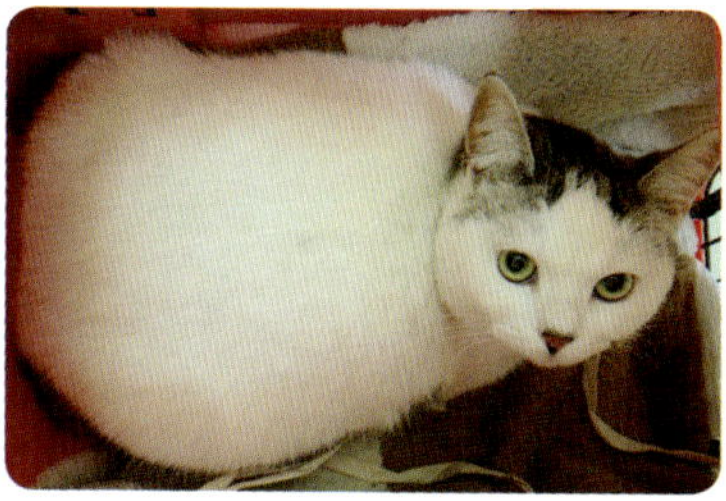

1歳4カ月／メス

5人の家族と2匹の犬、1匹の猫と同居。4匹の中でも食欲旺盛。避妊済み。

体重 4.5kg

BCSレベル 4

ミイコちゃん
飼い主

フードをきちんと量らなかったり、ちゅ～るを1日4本もあげていたのが太ってしまった原因かも。

目標体重 3.5kg

スタート前
体重
7.8kg

ころちゃん

横井先生

ころちゃんは尿路結石症の既往歴があったので、予防を兼ねた療法食に切り替え、朝・夕・夜の3回に分けて与えます。また、玄関に1つトイレを追加し、ストレス減を図りましょう。
目標はまずは**6.5kg**です！

ころちゃんダイエット作戦

1. 1日50gを朝・夕・夜の3回に小分け
2. フードを減量用＋尿路結石症予防用の療法食に
(ロイヤルカナンphコントロール＋満腹感サポート)
3. 1日2回、合計15分猫じゃらしで遊ぶ
4. 知育トイを使って遊びながら食事させる
5. キャットタワーの各所にフードを分けて置く

スタート

1週目

体重 7.7kg 0.1kg↘

フードを変更後、食いつきは良好。知育トイで遊びながら食べられている。トイレも気分次第で両方使っている様子。

まずは0.1kg減クリア！
この調子！

2週目

体重 7.7kg Keep→

ころちゃんを連れて実家へ。車内でフードをあげたので、50gよりも20～30粒多くなってしまった。でも猫じゃらしで大暴走したので体重はキープ。知育トイで遊ぶ時は楽しそうにしっぽをフリフリしている。早朝にフードの催促があった。

3週目

体重 7.5kg 0.2kg↘

実家から自宅へ戻ってから連日熟睡モード。フードを少し残す日があった。

少ないフードの量に慣れてきたせいかもしれません。

4週目 体重 7.6kg 0.1kg↑

少しリバウンド

最近うんちがつやつやか。水分摂取量や猫草が関係あるのだろうか。先生とフード量を相談し、50gから45gに。でも「もっとちょうだい！」という感じはなし。フードを量る容器を手で倒したらフードがこぼれて食べられることを学習したので油断は禁物！

5~6週目 体重 7.4kg 0.2kg↓

この頃フードを残す日が続いたので、ふたたび先生に相談して45gから40gに。かさ増しのためにキャベツのみじん切りを混ぜてみる。レンチンして少し温めたものがお好みのよう。

キャベツはミネラルが豊富なので、尿路結石症予防のため、フード全体の2割までに抑えましょう。

7週目 体重 7.3kg 0.1kg↓

フードをもう少し減らせそうだけど、先生からはキープとのこと。ころちゃんは白湯が好きなので、白湯にフードを浮かべて水分補給をしてみたら、おしっこの量が増量！　減塩かつおぶしをかけてみたり、アレンジも楽しい。

ドライフードは水分でふやけ、かさ増しになるのでナイスアイデアです！

8週目 体重 7.2kg 0.1kg↘

今週も毎朝・毎晩、白湯＋フード生活。しっぽを振りながら食べる。最近、キャットタワーから飛び下りた時の音が軽くなった。

5週連続DOWN！

9～10週目

体重 7.0kg 0.2kg↘

先週はいつも4～5g残していたので、先生と相談して30gに。ころちゃんは「あれ？　もうないの？」という顔をするけど、ガマン！　今までキャットタワーに一段ずつ、数粒のフードを置いていたが、1～2粒に減らしてみた。

お腹まわりが少しすっきりしてきましたね！

11週目 体重 7.0kg Keep→

クリスマスだったので、フードを少し減らしてちゅ～るを1本プレゼント。それから、新しいおもちゃをあげたら、早速猛獣になっていた。

3カ月目終了時点で最初の体重より0.8kg減ですね！　いい調子！

大幅DOWN！

12週目　体重 6.7kg　0.3kg↘

いつの間にか6kg台に！　今週は年末年始なので、ころちゃんも実家で過ごす。家族に「ちょうだい」とおねだりするけれど、30gをキープ。と思いきや、少し足りなかったようで寝る前に数粒だけあげた。

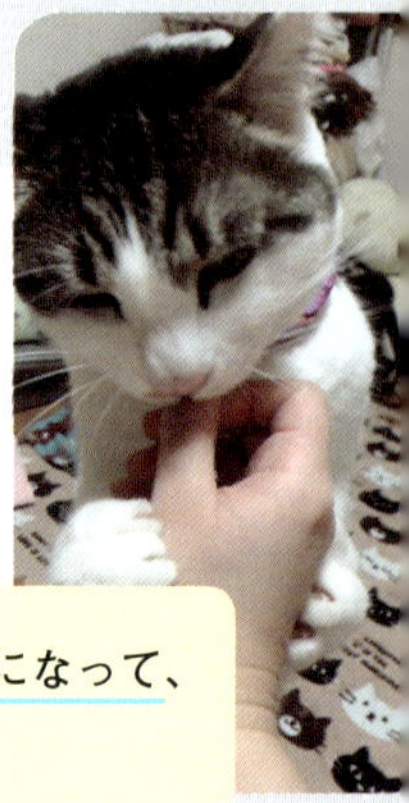

13週目　体重 6.7kg　Keep→

最近はフードを1粒ずつ手で与えるスタイルがマイブーム。後ろ足だけで立って、必ず私の手を両手でつかんで食べる姿がめっちゃカワイイ!!

このスタイルは足の筋力トレーニングになって、消費カロリーもアップですね！

14~15週目

目標体重達成！

体重 6.4kg　0.3kg↘

寒い日が続いているけれど、白湯＋フードで水分摂取を継続中。仕事帰りにサーカスを見に行ったが、ホワイトタイガーを見て「ころちゃんももっとスリムスタイルになれるように頑張ろう！」と思った。

目標体重達成おめでとうございます！
この調子で6.0kgを目指してみましょう！

16週目

体重 6.4kg　Keep →

6.5kgを切って、逃げ足が速くなり、キャットタワーの登り下りもテンポがいい。帰宅すると玄関には、ころが部屋から持ち出した「遊んで」のサインのおもちゃが。久々にたくさん走り回っていた。はじめの頃の写真と現在の写真を比べると、体型が違うのがわかる。

お腹まわりの脂肪がなくなり、前足がきれいに揃うようになりました。

17週目

体重 6.2kg　0.2kg ↓

最近は夜眠る前に、暖房の風がよく当たるキャットタワーの最上階にいるのがころちゃんのお気に入りのよう。

18週目

体重 6.1kg　0.1kg ↓

後ろ足立ちでカリカリを食べる1分間チャレンジに挑戦！　初回・2回目ともに無事クリア！　しかし今週は帰宅すると部屋中にもち麦がばらまかれていたというハプニングも……。

着実に足の筋力がついてきていますね。素晴らしいです。

19週目

体重 6.1kg Keep→

キッチンで料理をしていると、ころちゃんが様子うかがいに。チクワやシャケの匂いに反応したよう。一口分だけチクワをプレゼント。

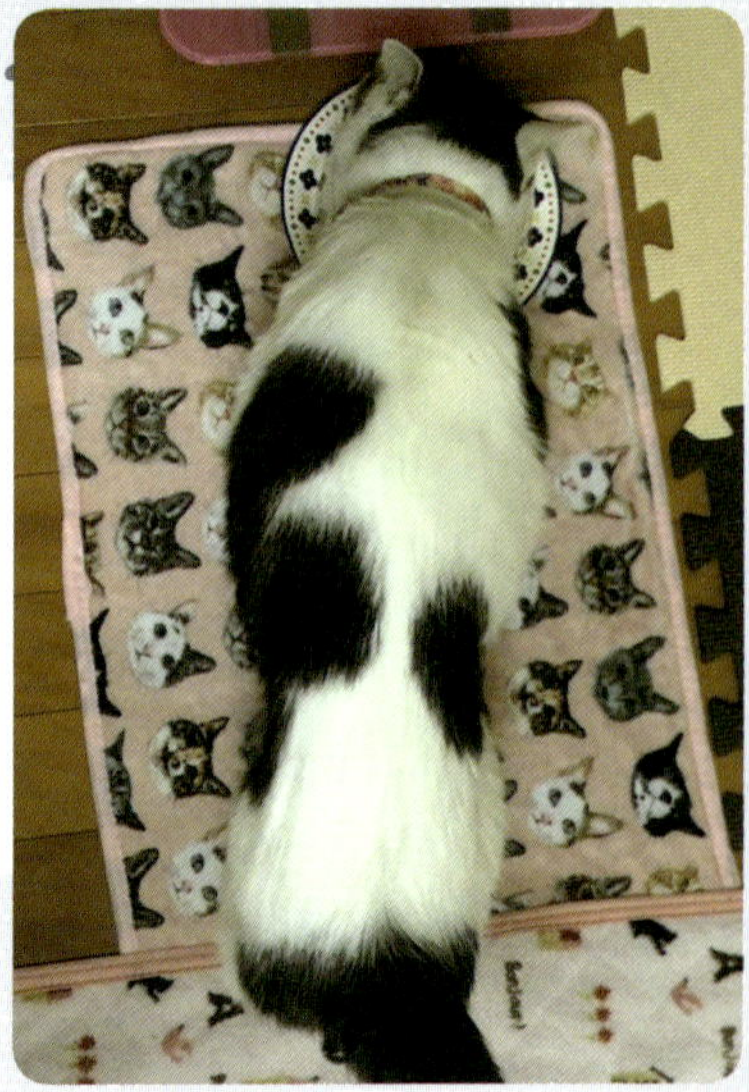

くびれがかなりしっかり出てきましたね！

20週目

体重 6.0kg 0.1kg↘

もう少しで5kg台に突入しそうで、どきどきわくわく。ころちゃんも楽しみながらダイエットしているみたい。最近、後ろ足立ちの食事スタイルが変化して、ジャンプして飛びつくように（笑）。

減量は工夫して楽しみながらやるのが一番効果が出ますね！

21週目

体重 5.9kg 0.1kg↘

所用で出かけるため、ころちゃんは実家でお泊まり。家族にフードの量をレクチャーして与えすぎないよう申し送り。

22週目

体重 5.8kg 0.1kg ↘

実家では母が一番フードをねだられるみたい。なんとか30gで頑張ってもらっているものの、ころちゃんのおいしいものを探すレーダーが反応して、実家の台所でお米の袋やパスタをあさっているそう。

23週目

体重 5.7kg 0.1kg ↘

最近、おねだりが増えてきたような気がする。3月下旬になり暖かくなってきたことも関係があるのかも。

目標の6.0kgを超えてきています。これ以上の減量は必要ありません。これ以上やせる場合はフードの量を増やしていいですよ。

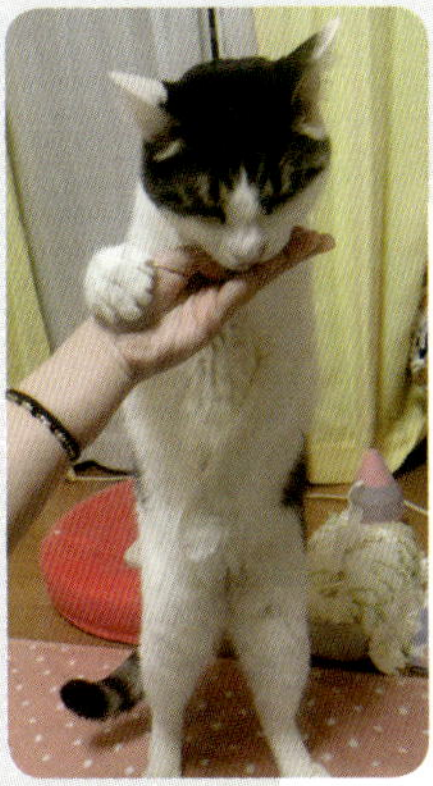

24週目

2.1kg減量成功！

体重 5.7kg Keep →

1日うんちが出ず、「出てないのー！」ところちゃんがぐずっていたけれど、翌日はたくさん出て一安心。ダイエットは今週で終わりだけど、もう少し続けて記録を残そうと思う。

24週間、おつかれ様でした！でも減量後も油断は禁物。体重キープに努めてあげてください。

終了

スタート前
体重
7.3kg

2 レオちゃん

まずフードは去勢・避妊手術後用の総合栄養食から、減量用療法食に替えます。ちゅ～るのあげすぎが気になったので量を減らし、ひも遊びなどの運動も取り入れます。1階から3階までの上下運動をうまく取り入れてください。目標は**6.0kg**です。

レオちゃんダイエット作戦

1. 食事は1日2回、朝と夕方に各35gずつ
2. フードを減量用療法食に替える
(ヒルズ プリスクリプションダイエット メタボリックスユリナリー コンフォート)
3. ちゅ～るを1日1本から1週間で1本に
4. ひもなど使った遊びを1日5分×2セット行う
5. 1階から3階まで、家のどの部屋にも
入れるようにし、フードを隠す

スタート

1週目　体重 7.4kg　0.1kg↑

ひも遊びを喜んでやっていたけれど、走り過ぎたのか、2日目の夜に吐いてしまった。3階を解放したところ、下の階と行ったり来たりしている。フードはよく食べ、朝の分は夕方には空に。

肥満体型での激しい運動は思わぬ事故にもつながります。運動の負荷は徐々に上げてください。

2~3週目　体重 7.3kg　0.1kg↓

フードの量に慣れてきたのか、朝のフードが夕方以降も残るように。フードの量を70g→60gに減らした。ひも遊びには飽きてきたようなので、輪ゴムやビニール袋で遊んでみた。

ひも、輪ゴム、ビニール袋での遊びは誤飲に注意しましょう。

4~5週目

体重 7.2kg　0.1kg↓

新しいおもちゃを買ったら、大興奮で久しぶりにジャンプ！　5週目からはフードを60g→54gに。催促は特になく、1週間ちゅ～るなしで乗り切れた。

6週目 体重 7.2kg Keep →

おもちゃを使い、冷蔵庫を登り下り。最近、飼い主の顔を見るとすぐ遊んでアピールをする。たくさん遊んだ日は、朝の分のフードが昼には空になり、催促される。我慢させたら諦めて眠った。

7週目 体重 7.2kg Keep →

停滞期

運動量が増え、食欲増。我慢させたあとフードを出すと必死に食べる。爪切りをした日はご機嫌斜めだったので久しぶりのちゅ～る。週末は出かける前に、家の中3カ所にフードを隠したが、帰るとすべて完食していた。

停滞期に入っていますね。もう少し、フードを減らしてみましょうか。

8～9週目

体重 7.1kg 0.1kg ↘

少しくびれが出てきたかも？　でも体重は変化なしなのでフードの量を54g→48gに。すごく催促されるので知育トイを使ってみたが、怖がって近寄らない。

催促が激しい時は無理をしなくて大丈夫です。知育トイは慣れるまで様子を見てみましょう。

10～11週目 体重 7.0kg 0.1kg↘

催促はされるものの、フードの量に慣れてきたみたい。遊んでアピールは以前よりもかなり増えている。よく遊んだ日の夜はフードがなくなると、トイレシートを噛みちぎっていた。

空腹による誤飲に注意しましょう。

12～13週目

体重 6.9kg 0.1kg↘

年末は遊べない日が多かったので、その分年始にたくさん遊んだ。お腹の脂肪が少し減り、皮だけ余っている感じ。

冬は暖房で部屋を暖かくしすぎると、基礎代謝が下がります。少し温度を低めに設定しましょう。

連続DOWN！

14週目

体重 6.8kg 0.1kg↘

ようやく6kg台に。フードをあげる前に、フードを持って歩くとついてくるので、10分ほど歩いて運動させてみた。

体重の落ちるペースが遅くても、焦らなくて大丈夫です。ゆっくりいきましょう。

15~16週目 体重 6.8kg Keep→

フードの催促は毎日あり、夜中お腹が空くと、走り回っている。フードの与え方を、土日は朝昼夕晩に各12g、平日は朝24g、夕方12g、夜12gと小分けにしてみることに。

また停滞期ですね。フードをもう少し減らすか、運動を増やせるといいのですが。

17~18週目 体重 6.7kg 0.1kg↘

フードの小分けに慣れてきた様子。ひもやビニール袋を使って階段を登り下りさせたり、フードを使って1階~2階で鬼ごっこをさせたりしてみた。

ご家族も一緒にエクササイズですね。おつかれ様です。おかげで0.1kg減、おめでとうございます！

19週目

体重 6.7kg Keep→

日曜日にかなり遊び、お腹が減ったからか月曜日の朝は足を噛まれて起きた。最近、「パパー！遊んで！」と腕にしがみついて遊んでアピールをしてくる。

20週目

体重 6.6kg 0.1kg↘

フードの量を48g→44gに。ひもで階段を登り下させるほか、自分でも2階と3階を登り下りしてウロウロしている。最近は動きが軽やかになってきた気がする。

残り5週です。少しフードを減らし、ラストスパート頑張りましょう！

21~22週目

体重 6.5kg 0.1kg↘

今週は朝から夜まで不在の日があったので、フードを3回ではなく2回に分けて出したが、入れた分だけ食べてしまった。なるべく小分けにしたほうが催促をされなさそう。

0.9kg減量成功！

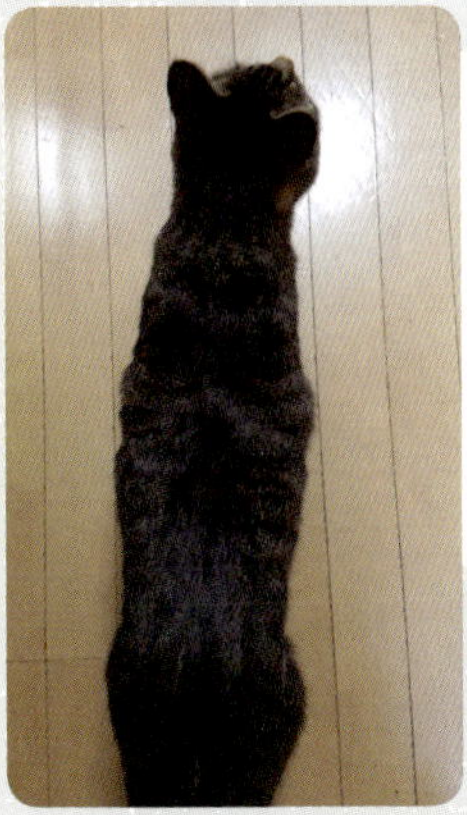

23~24週目

終了

体重 6.4kg 0.1kg↘

ひも、ビニール袋、おもちゃを日によって変えて遊んだ。上から体を見ると、腰のあたりがくびれてきたように感じる。

最後まで0.1kg減、素晴らしいです！ウエストにくびれができましたね。おつかれ様でした。

スタート前
体重
4.5kg

3 ミイコちゃん

横井先生

ミイコちゃんは同居猫や同居犬のフードまで食べてしまうとのことなので、3匹とは別室にフード皿を置き、様子を見ます。ちゅ～るを1日4本は多すぎるので量を減らし、フードは減量用療法食に置き換えます。

ミイコちゃんダイエット作戦

1. 食事は1日2回、朝と夕方に各25gずつ
2. フードを減量用療法食に替える
(ヒルズ プリスクリプションダイエット r/d)
3. ちゅ～るを1日4本から1日2本に
4. 同居猫とフード皿の置き場所を別にする
5. 少し庭に出し、危険のない範囲で
外遊びをさせる

スタート

1週目　体重 4.4kg　0.1kg↘

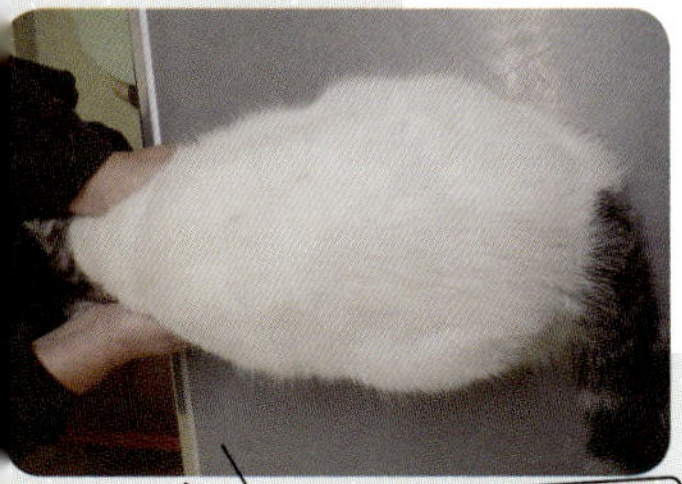

最初は療法食の味に慣れず、進んで食べなかったが、5日目頃から進んで食べるように。お腹が空くと、同居猫や同居犬のフードまで食べてしまう。

まずは0.1kg減！
頑張ってますね。

大幅DOWN！

2~3週目　体重 4.1kg　0.3kg↘

食事と食事の間にちゅ～るをあげたら、すごい速度で食べる。どんな袋の音がしても、自分におやつをくれると思い、寄って来る。お腹が空きイライラするのか、娘の手を噛む。

リバウンド

4~5週目　体重 4.4kg　0.3kg↗

庭では木に登ったり、同居猫や同居犬と追いかけっこをしたりして遊んでいる。留守中、同居猫のフードの残りを食べてしまったせいで、体重が元に戻ってしまった。

ご家族が留守にする時はフードを置いたままにされるそうですが、片付けてから家を出るようにしてみましょう。

6~7週目 体重 4.4kg Keep→

6週目は4.5kgに増えたが、7週目は4.4kgに。少しずつ規則正しい食生活に慣れてきたようで、前ほどおやつをねだらなくなった。

8~9週目 体重 4.3kg 0.1kg↘

最近は私が7時前に起きると同時に、ミイコは「食事→トイレ」の規則正しい生活。天気がいいと、庭でアクティブに過ごす。夜、お腹が空いたのか、フード皿の前でクネクネ。少しだけ追加でフードをあげた。

10~11週目 体重 4.3kg Keep→

10週目は4.4kgに増えた。留守中におねだりされて家族の誰かが余分にあげたに違いない。11週目は再び4.3kgに。少ないおやつに慣れたようで、同居猫の分を取らなくなった。

同居猫のフードを食べなくなったのは素晴らしいです！　この調子ですね。

12～13週目

体重 4.3kg　Keep →

暖かい日は、家の中に入ったり出たり忙しい。同居犬に追いかけられ、みかんの木やバイクに登っていた。以前より動きが身軽になってきた気がする。

0.2kgでも本人とっては意外と大きく、身軽に感じているはずです。

14～15週目

体重 4.3kg　Keep →

出かける前に外で遊んでいたミイコを家に入れたいが、逃げ回るのがすばしっこい。同居猫の具合が悪く、ミイコもつられて、フードを残す日があった。

0.2kg減量成功！

16週目

体重 4.3kg　Keep →

少しずつ暖かくなり、食欲が増してきたように思う。おやつ・ごはんは定量。夕方までの食事の間に催促するので、仕方なくいつもより30分早くあげた。

よく頑張りました！　今回の企画としては終了ですが、引き続き健康のためにダイエットを続けていきましょう。

終了

結果発表

1 ころちゃん

←

Before 7.8kg

After 5.7kg

マイナス 2.1kg 成功

2 レオちゃん

←

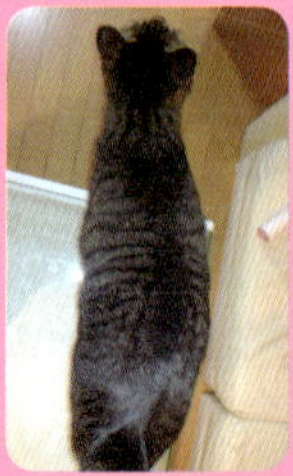

Before 7.3kg

After 6.4kg

マイナス 0.9kg 成功

3 ミイコちゃん

←

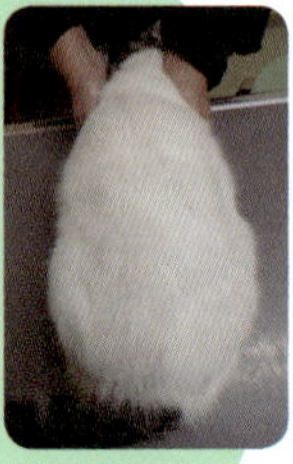

Before 4.5kg

After 4.3kg

マイナス 0.2kg 成功

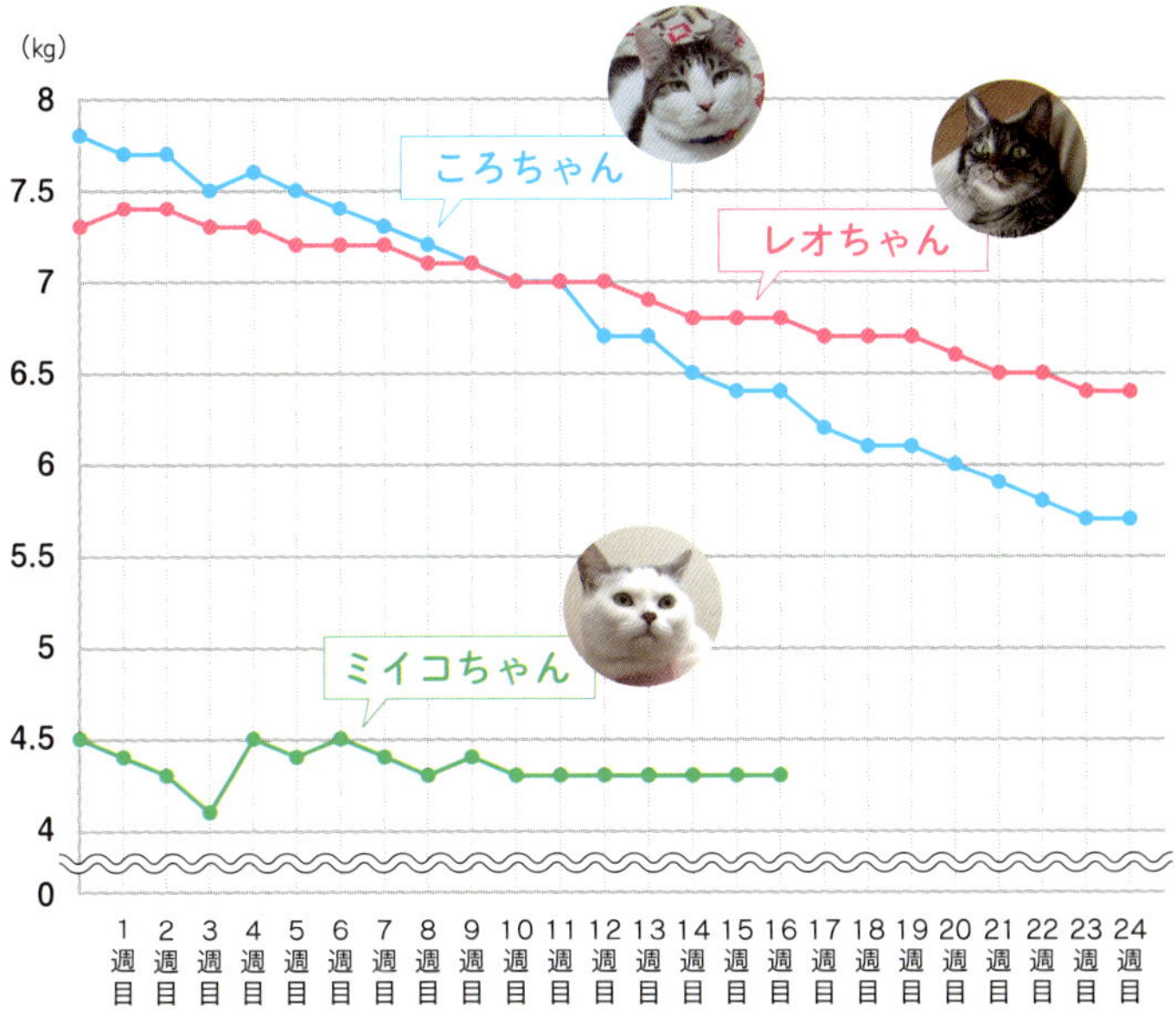

まとめ

3匹の猫の減量指導して改めてわかったのは、同居人・同居動物が多いほど減量は難しいということです。

犬は散歩に行けば運動させることができますが、猫はそうはいきません。それぞれ個性があり、好きな遊びを見つけないと運動させることが難しいのです。飼育環境にも配慮して、空間を最大限に使うことも大切です。「減量＝猫にとってもご家族にとってもツライ」ではなく、双方が楽しみ、絆を深めながら減量に成功できたのが大きな収穫でした。

ダイエットを終えて――

ストレスがないか注意して見ていましたが、ころも楽しんでいたようです。2.1kg減り、小ぶりになったため、若返ったよう。毛並みも以前よりツヤツヤに。フードを手からあげるトレーニングで、スキンシップが増えました！

ころちゃん飼い主

レオちゃん飼い主

以前は、遊ぶとすぐに息切れしてダウンしていましたが、やせてからは息切れせず、走り回るように。自分から積極的に、1～3階まで行き来するのを見ると、やはり太りすぎはよくなかったのだなと思います。

体重自体はそれほど大きく減ったわけではありませんが、以前より動きが俊敏になり、娘から「スッとした」といわれました。その後もダイエットを続け、6カ月目には3.8kgに！

ミイコちゃん飼い主

8章

肥満予防と
ダイエット後のケア

ダイエット後、もう二度と太らせないために

せっかく頑張ってダイエットに成功したのに、気が緩んだ結果、リバウンドさせてしまった。そんな人もなかにはいらっしゃいます。

ここでは、減量完了時の体型を保つために、減量後の食事管理や、習慣づけてほしいことをご説明します。

一度太らせてしまうと、減量させるのは人も猫も一苦労です。最初から太らせない、つまり肥満は予防することが最も望ましいのです。この章で紹介するリバウンドさせないための心構えは、そのまま肥満予防対策にもあてはまります。現在、愛猫が理想の体重だという人も、ぜひ今

日から本書を参考に、スリムボディをキープしてあげてください。

最後に、私からのお願いです。

減量指導をしていて痛感するのは、猫の減量の難しさです。キャリーケースに入るのを嫌がるため来院自体が困難だったり、怯えたり威嚇して診察台に載せるのも大ごとであることから、減量をあきらめてしまう飼い主が多いからです。

しかし飼い主の努力次第で、病院に来やすい猫にすることはできます。その方法の一つとしてここで紹介するクレートトレーニングは、災害時、同行避難する際にも役立ちます。万一の災害や、将来病気になった時のためにも、どうかストレスなく動物病院に通える猫に育てていただければと思います。

念願の目標体重達成！今後の食事はどうすればよい？

ダイエット成功後
フードを戻す場合

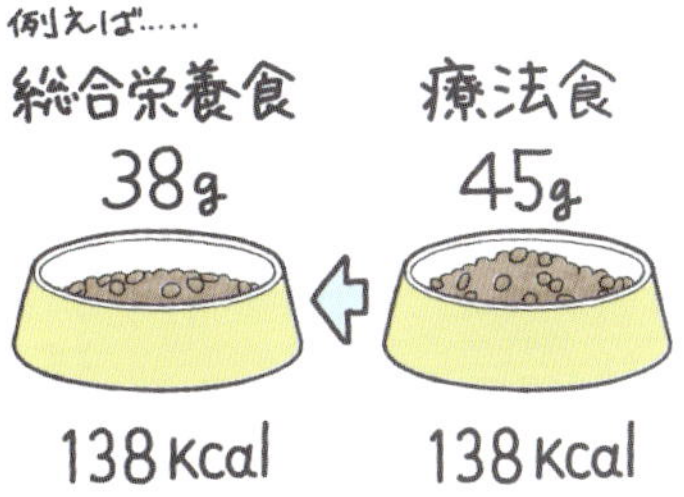

療法食から総合栄養食に戻す場合は、1日のエネルギー量が同じになるよう調節する必要があります。去勢・避妊手術後用や肥満予防用のフードなら、総合栄養食の中でも低エネルギーなのでおすすめです。

減量後も続けて使える療法食も多い

さあ、夢にまで見たダイエット完了の日がやって来ました。明日からは療法食を卒業し、減量前に使っていた通常のフードに戻してかまいません。

減量の最中には体重の変化を見ながら、療法食の給与量を調整し、獣医師と一緒に、その猫の適正量を見つけ出していったはずです。**その時の給与量のエネルギーと同じになるよう、通常のフードの量を計算**して与えてください。フードのパッケージには、100gあたりのエネルギー量が記載されていますので、この数値をもとに計算します。

ただし**猫も年齢とともに基礎代謝量が低下し、太りやすくなってゆきます。**もし体重が増えてきたら、給与エネルギー量を見直してください。

通常のフードへの切り替えは、味覚の変化に慣らすため、減量を始めた時と同じやり方で行ってください。まずは減量用フードの10％程度だけ通常のフードを混ぜ、**1週間〜10日かけて、徐々に通常のフードに戻していきましょう。**

以前のフードに戻さずに、減量用の療法食をそのまま使用する方法もあります。太りにくく、量を多くあげられるため、体重管理の強い味方です。最近の減量用フードは、減量後に長期的に与えても健康被害がないように作られているものが多いです。

「ただし、例えば減量の初期に使われる、脂肪を燃焼するため高タンパクにした療法食は、長期間あげ続けると腎臓に負担をかけてしまいます。このように、一時的に使用す

何歳になったら太りやすい？

人と同じように、じつは猫にも「何歳を超えたら運動量が減る」「何歳を超えたら太りやすい」といった明確な基準はなく、猫によってさまざま。定期的に体重を量り、増えたら都度、フード量を調整するようにしましょう。

気をゆるめてフードをあげすぎないように

やせたことで安心してしまい、フードをあげすぎてしまう人が多く見受けられます。総合栄養食はもちろん、減量用療法食でもあげすぎれば、体重は元に戻ってしまいます。減量後も油断は禁物です。

るべきものもあれば、状況を見ながら療法食を変えなければならない時もあります。猫の持病などによっても療法食を継続して使ってよいかどうかは変わってきます。療法食の使用は必ず獣医師に確認してください」（入交先生）

低エネルギーな総合栄養食で肥満を予防

療法食以外にも、一般的な総合栄養食の中には、**去勢・避妊手術後用や、肥満予防用**などを謳ったものもあります。こうした商品は**低エネルギーに作られている**はずなので、リバウンドはもちろん、肥満にさせないための対策として取り入れるのもよいでしょう。療法食より安価な点もメリットです。

肥満予防と
ダイエット後のケア

2

体重計に載る習慣をつけて恐怖のリバウンドをストップ!

排泄の前後でも
体重は変わります

体重を量るタイミングが排泄の前か後かでも体重は変わります。「50g程度の増減なら誤差の範囲内」というのは、50g増えても、それは便や尿の重さである場合も多いということです。

こまめな体重測定で変化に気づく

ダイエット終了後もリバウンド防止のため、２週間に一度程度、自宅での定期的な体重測定を習慣づけましょう。猫の肥満は外見からはわかりづらいため、気がついた時にはぽっちゃり体型に戻っていた、という事態になりかねません。**体重計の数値で確認する癖をつけ、体重の維持に努めてください。**

量ってみて、50g程度の増減なら誤差の範囲内。猫の大きさにもよりますが、１００gだと黄色信号でしょうか。とはいえこれぐらいの増え幅なら、おやつを減らすなどして次回の測定までにすぐ戻せるので心配いりません。一度ダイエットを成功させた飼い主なら、体重管理はお手のも

体重が戻せなくなったら要注意！

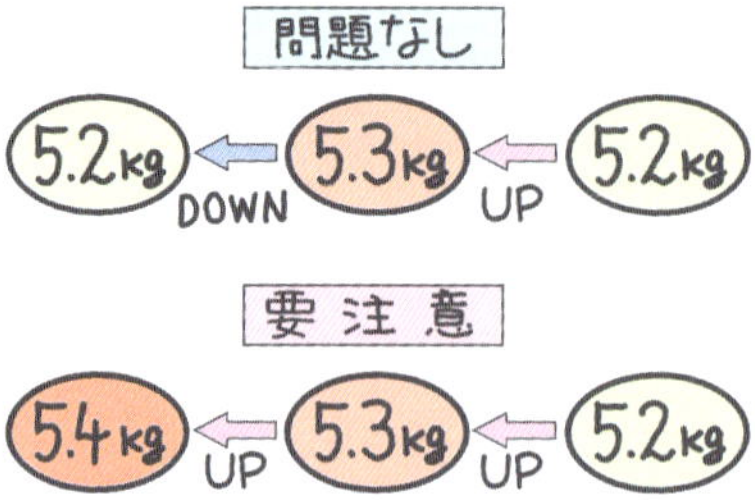

体重が増えても、すぐに元に戻せる程度であれば心配はありません。もし、戻せなくなってきた場合は、獣医師に対策を相談してみましょう。

の。皆さん上手に調節できるようになっているはずです。

なお、30ページで紹介した甲状腺機能亢進症のように、体重が減ってしまう病気もあります。体重チェックだけでなく、**普段の健康管理、病気の発見という意味でも、体重計にまめに載ることはとても大切**です。

関節の健康診断も活用しよう

リバウンド防止はもちろん、肥満予防の観点からも、体重を把握しておくことは重要です。

2章では、1歳の時の体重が、その猫の適正体重であると説明しました。成猫になってから肥満かどうかを知るための、基準となる大切な数字です。**子猫が1歳になったら測定値を記録して、なくさないよう保管**しましょう。

運動器検診って？

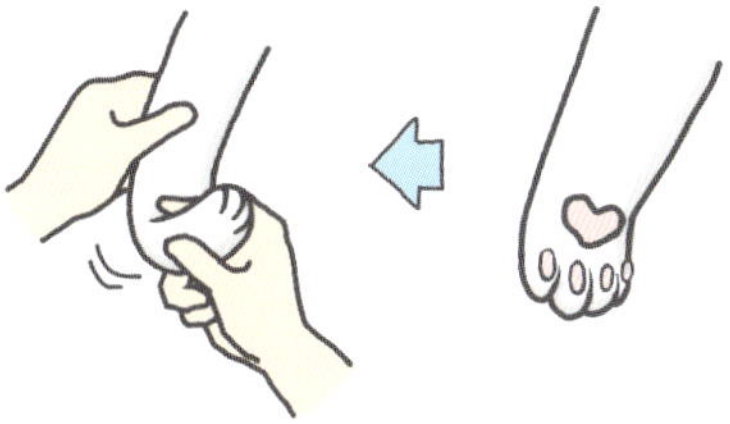

前足首を曲げた時に肉球がつく、などといった指標をもとに獣医師が関節をさわったり曲げたりして診断します。10歳未満でも、爪が伸びている・グルーミングの頻度が減った・トイレをまたげないといった症状があれば、受診をおすすめします。

愛猫がすでに2歳以上で、1歳の時の体重がわからない場合は、獣医師にたずねてみましょう。適正体重を割り出すことはできませんが、猫の体にさわって体型をチェックし、理想の範囲内かどうかを判断します。

もう一つ、枝村先生からも、動物病院を活用した最新の肥満防止対策を紹介してもらいましょう。

「2章で関節症の猫が肥満になりやすいとお話ししましたが、現在、全国の動物病院で広まっているのが、運動器検診と呼ばれる関節の健康診断です。関節の動く範囲などを診断し、異常があれば早期発見して、関節症を予防することが目的です。**猫が10歳になったら、ぜひ運動器検診の受診を**おすすめします」（枝村先生）

普段の猫との暮らしの中で備えておけることはある？

猫の味覚について

ちなみに、猫にとっておいしいフードとはどんなものでしょうか。猫は塩分や甘味を感じない代わりに、アミノ酸に対してとても敏感です。より新鮮なアミノ酸が含まれているものをおいしいと感じるようです。

色々なタイプのフードに慣れさせる

将来、猫が病気になった場合に備え、普段からしておくべきことはどんなことでしょうか。病気の治療には、療法食がつきものですが、徳本先生はこうアドバイスします。「例えば腎不全や尿路結石症などの疾患では、水分を十分摂ることが大切です。そのため、より多く水分を摂取できるウエットフードを選択したいところです。

ところが猫は生後半年ぐらいまでに食べたものを好むため、その期間にドライフードしか食べていなければ、ウエットフードを食べさせるのにとても骨が折れます。**どんなタイプの療法食も平気な猫にするために、生後半年頃までに色々食べさせておくとよい**でしょう」(徳本先生)

キャリーケースはリビングに置く

キャリーケースは普段からリビングなどに扉を開けた状態で置きっぱなしにしておくといいでしょう。自由に出入りするうちに、キャリーケースに対する恐怖心が薄くなっていきます。

減量に限らず他の病気でも、療法食では食の選択肢は狭まります。好き嫌いのない猫に育てておきたいですね。

動物病院が好きな猫に育てる

もう一つ、動物病院に行くことがストレスにならないように育ててあげるのも大切なことです。

「病院でリラックスできる猫にする一番よい方法は、**子猫の時から動物病院に頻繁に遊びに行き、**そこでおやつをあげて食べさせることです」（入交先生。以下同）

体重を量るためだけに来てもらうのも、動物病院は大歓迎ですよ。猫をキャリーケースに入れるのが難しい場合は、クレートトレーニングにトライしましょう。

「クレートトレーニングは次の手順で行います。①扉を開

減量中に使える
トレーニングのコツ

減量と並行してクレートトレーニングを行う場合、普段のフードの量を減らして、減らした分をキャリーケースの中に入れておくと、お腹の空いている猫は、積極的に中に入るようになります。

けたキャリーケースにおやつを入れ、猫におやつを取って出て来る動作を何度もさせます。②慣れてきたら中でおやつを食べている間、少しだけ扉を閉めてまたすぐ開けます。徐々に、中にいられる時間を延ばしていきます。③猫がキャリーケースに入ったら少し持ち上げ、すぐ下ろして、おやつをあげます。また持ち上げ少し歩いて、下ろして、おやつ。今度は持ち上げ、歩いて、車に乗せる、と、あせらずゆっくり、**キャリーケースに入ることと、持ち上げられること、移動することに慣らしていきます。**毎日訓練すれば、1カ月ぐらいでキャリーケースが好きになります」

動物病院に気軽に来てもらえれば、減量はもちろん、病気の早期発見・治療につながります。皆さんが愛猫と笑顔で動物病院の門をくぐる日をお待ちしています。

8章のおさらい

❶ エネルギーを計算して、減量後の食事量を決めよう

❷ 減量後も2週間に一度程度、体重チェックを

❸ 1歳の時の体重は必ず記録しておく

❹ 10歳になったら運動器検診の受診がおすすめ

❺ 慣れ&トレーニングで、病院に連れて行きやすい猫にする

おまけ

ダイエット＆病気予防に役立つ！

便利アイテムいろいろ

ストレスケア

株式会社 猫の手

ニャンダフルシェルフ

（1万9800円～）

強化ダンボールを組み立てて作るキャットウォーク。家の中で上下運動ができることは、猫がストレスなく過ごすためには必須。サイズは3種類あり、小さいサイズもあるので賃貸住宅にもおすすめです。

■購入はwebから（http://www.concept-inc.co.jp/nyanderful_shelf/）

※表示価格は全て2019年6月時点の税込み価格です。諸事情により変更になる場合があります

DSファーマアニマルヘルス

EneALA（エネアラ）

（価格は動物病院により異なります）

代謝アップ

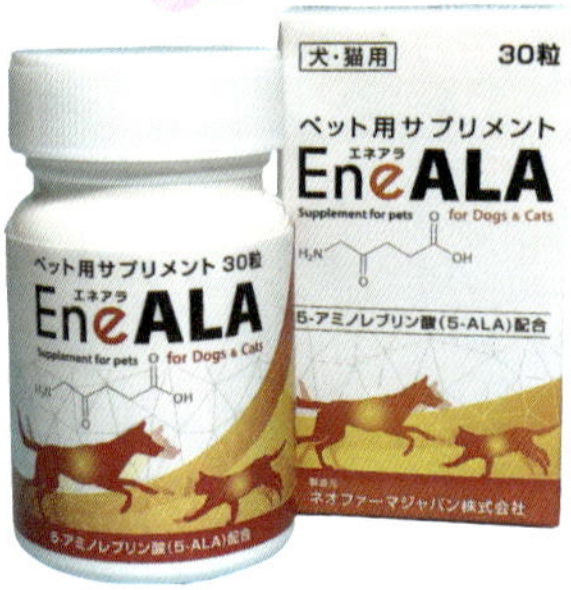

猫の代謝をサポートしてくれる燃焼系サプリメント。糖と脂質からエネルギーを作り出すのに欠かせない「5-ALA」という成分を配合しています。カツオ風味なので、おやつの代わりにも。必ず獣医師や動物看護師の指示で使用しましょう。

■購入はお近くの動物病院で

猫壱

キャッチ・ミー・イフ・ユー・キャン2

（2069円～）

家事などで手が離せない時も猫に遊んでもらえる電動おもちゃ。円形のシートの外周部分を、羽根やひもが右へ左へと動きます。不規則な動きで猫は大興奮！

■購入はweb（https://www.necoichi.co.jp/Products/contents_type=10）またはお近くの取り扱い店で

代謝アップ

NECO REPUBLIC
ネコメシフィーダー
(1万7800円〜)

タイマーはもちろん、iPhoneから遠隔操作で給餌することが可能で、旅行や急な残業の時にも安心です。カメラ付きで外出先から猫の様子を確認できます。商品の収益は保護猫の食事代や医療費になります。

■購入はwebから（http://www.neco-meshi-feeder.com）

SHARP
ペットケアモニター
(2万6784円)

猫がトイレをしている間に体重が量れます。さらに尿量・尿の回数・トイレの滞在時間・設置場所周辺の温度も計測することができ、飼い主はそれらのデータをスマートフォンでチェックできます。

■購入はwebから
(https://pethealthcare.sharp.co.jp)

体重の変化をグラフにしてみよう！

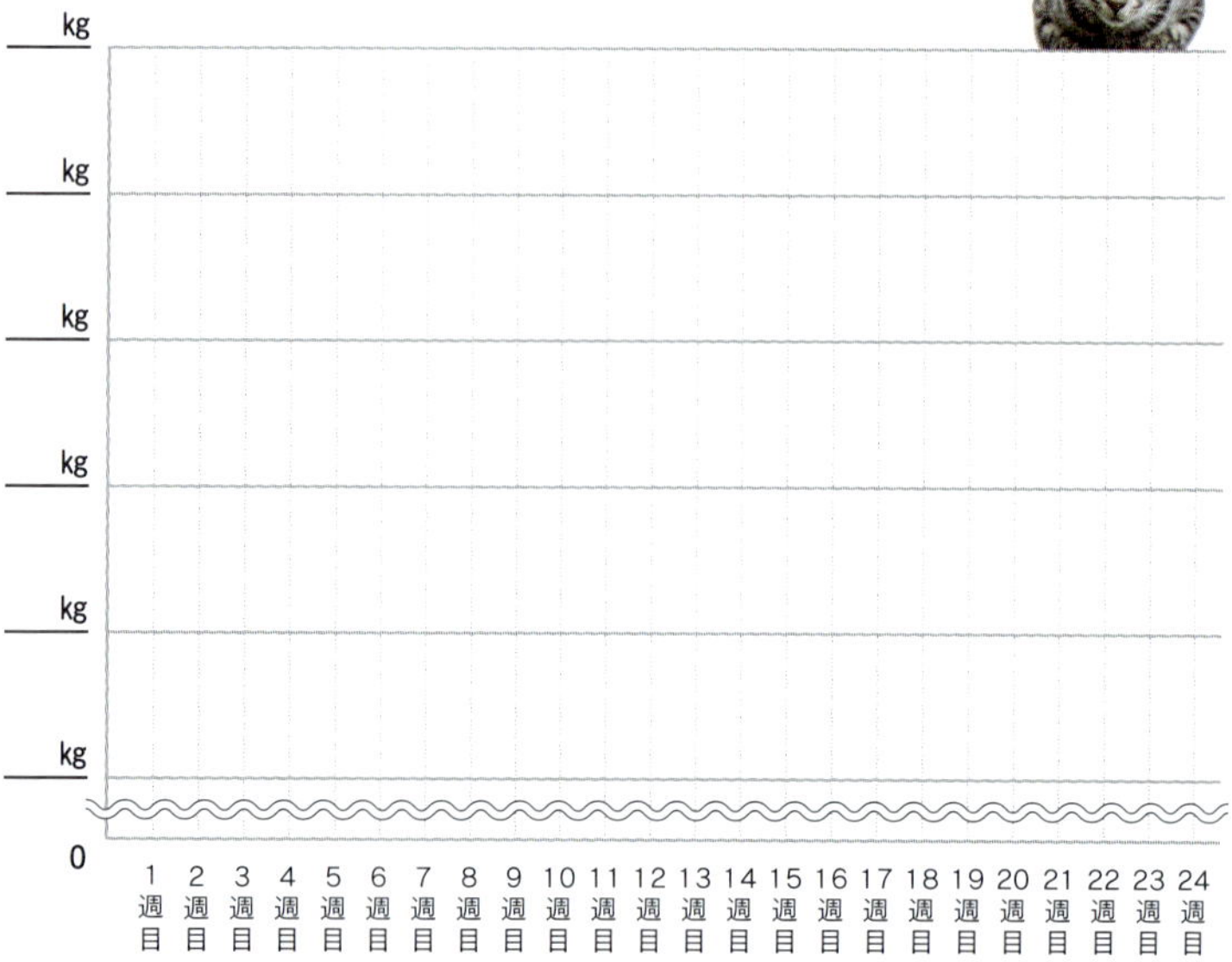

【グラフの作り方】

❶ 左端に横軸の数値を入れます。一番上の数値は、159ページに書いた「現在の体重」より、0.5～1kgほど大きいキリのいい数字を入れると使いやすいです。

❷ 1週目～24週目まで、体重を量るごとに、縦軸と横軸を照らし合わせ、点を書きます。

❸ 点と点を直線で結びます。

❹ 一目で体重の増減がわかるグラフのできあがり！　体重が減るペースなどを知るのに役立ててください。

15週目　kg（　月　日）

16週目　kg（　月　日）

17週目　kg（　月　日）

18週目　kg（　月　日）

19週目　kg（　月　日）

20週目　kg（　月　日）

21週目　kg（　月　日）

22週目　kg（　月　日）

23週目　kg（　月　日）

24週目　kg（　月　日）

5週目 kg（ 月 日）

6週目 kg（ 月 日）

7週目 kg（ 月 日）

8週目 kg（ 月 日）

9週目 kg（ 月 日）

10週目 kg（ 月 日）

11週目 kg（ 月 日）

12週目 kg（ 月 日）

13週目 kg（ 月 日）

14週目 kg（ 月 日）

書き込み式

ダイエットノート

おなまえ

現在の体重

kg

目標体重

kg

フードはどうあげる？

運動はどうする？

1週目 kg（ 月 日）

2週目 kg（ 月 日）

3週目 kg（ 月 日）

4週目 kg（ 月 日）

PROFILE

横井愼一（よこい しんいち）

泉南動物病院院長。1965年、大阪府生まれ。ムツゴロウ動物王国に憬れ、獣医師を目指す。北里大学卒業。日本獣医臨床学フォーラム幹事。日本獣医皮膚学会認定医であり理事も務める。

泉南動物病院を開院後、眼科・歯科・腫瘍科・循環器科・整形外科・神経科・内科・皮膚科と幅広い治療に対応。特に皮膚科診療においては専門性の高い治療に取り組んでおり、後進の育成にも力を注いでいる。皮膚科学、犬と猫のダイエットをテーマに多くの雑誌に記事を執筆。全国で講演も行い、豊富な臨床経験に基づいた講演内容には定評がある。

自宅では犬1匹と猫2匹、病院では犬1匹と猫2匹と暮らしており、なかでも自宅にいるヨークシャー・テリアのちくわちゃんを溺愛。

STAFF

カバーデザイン　エメ龍夢
本文デザイン　小林敦子
DTP　濱井信作（コンポーズ）

イラスト　ブタネコ本舗
取材・執筆・4コマ漫画原作　保田明恵
編集　風来堂（木村美咲／石川育未／南雲恵里香／今田 壮）

監修協力　入交眞巳／枝村一弥／徳本一義

フード協力　ロイヤルカナン ジャポン合同会社
日本ヒルズ・コルゲート株式会社

編集協力　泉南動物病院（松本理沙／永田彩斗）

Special Thanks　AIXIAにゃんちゅーぶ／田久保 望

専門医に学ぶ
長生き猫ダイエット

横井愼一

2019年8月5日 初版発行

発行者　井上弘治

発行所　**駒草出版**　株式会社ダンク出版事業部
〒110-0016　東京都台東区台東1-7-1 邦洋秋葉原ビル2階
TEL：03-3834-9087
URL：https://www.komakusa-pub.jp/

印刷・製本　中央精版印刷株式会社

ISBN 978-4-909646-22-4

※この本の印税の一部は、監修者の意向により、動物福祉団体アニマル・ドネーション（www.animaldonation.org）に寄付されます。